SAS Enterprise Guide

時系列分析 編

SAS Institute Japan 監修
高柳良太 著

Ohmsha

本書に掲載されている会社名・製品名は、一般に各社の登録商標または商標です。

本書を発行するにあたって、内容に誤りのないようできる限りの注意を払いましたが、本書の内容を適用した結果生じたこと、また、適用できなかった結果について、著者、出版社とも一切の責任を負いませんのでご了承ください。

本書は、「著作権法」によって、著作権等の権利が保護されている著作物です。本書の複製権・翻訳権・上映権・譲渡権・公衆送信権（送信可能化権を含む）は著作権者が保有しています。本書の全部または一部につき、無断で転載、複写複製、電子的装置への入力等をされると、著作権等の権利侵害となる場合があります。また、代行業者等の第三者によるスキャンやデジタル化は、たとえ個人や家庭内での利用であっても著作権法上認められておりませんので、ご注意ください。
本書の無断複写は、著作権法上の制限事項を除き、禁じられています。本書の複写複製を希望される場合は、そのつど事前に下記へ連絡して許諾を得てください。

(社)出版者著作権管理機構
(電話 03-3513-6969, FAX 03-3513-6979, e-mail: info@jcopy.or.jp)

JCOPY ＜(社)出版者著作権管理機構 委託出版物＞

著者のことば INTRODUCTION

　時系列分析は、経済系のデータ分析でよく使われます。時系列分析は自己相関や季節調整など、独特な名前や考え方があるので、抵抗を感じている方もいらっしゃると思います。しかし、この時系列分析の考え方は、経済データ以外でもいろいろ活用できるものです。本書はSAS Enterprise Guide（以下、SAS EG）を使って行うことができる、時系列データを使った予測について解説しました。時系列分析の経験がない人でも、SAS EGの分析メニューを使って、時系列データの作成や時系列の各分析が行えるようにすることを主目的に書きました。時系列のデータとはどういうものなのか、分析をするためにはどのようなデータを準備するとよいのかという時系列データの基本の話から、移動平均、季節調整といった時系列分析に出てくる用語についても、はじめて時系列分析をする人にもできるだけ抵抗がないように説明したつもりです。時系列分析の学術的な専門書ではないので、専門家の目から見たら説明が足りていない部分もあると思います。本書をきっかけに時系列分析をもっと深く知りたいと思った方は、巻末の参考文献にあげた文献などを参考にしていただけるとよいかと思います。

　本書は私の書くSAS EGシリーズの、最終巻になります。当初は2年間で完結の予定でしたが、結局は4年目に入って完結ということになってしまいました。オーム社書籍編集局の編集担当様、トップスタジオの金野靖之様をはじめ、SAS Institute Japanの皆様、および関係の皆様に大変ご迷惑をおかけしました。大変申し訳ありませんでした。その間に、私は非常勤講師から看護短期大学の常勤講師、准教授となり生活環境が激変いたしました。いろいろなことが変わってしまい、どうなることかと思いましたがどうにか最終巻を仕上げることができました。これも関係する皆様が見守ってくださったからに他なりません。深く感謝いたします。
　シリーズが完結する間に、下の息子は小学校に、上の息子は中学校に進学しました。自分や家族の生活環境が変わっていく中でも、どうにか最終巻まで執筆できたのは、やはり妻や子どもたちのおかげでもあります。ここに感謝したいと思います。

2017年1月

高　柳　良　太

目次 CONTENTS

著者のことば iii

第 1 章　時系列分析とは　　　　　　　　　　　　　　　　　　　　　1

1.1 ● 時系列分析の考え方 1
　　1.1.1　時系列分析のイメージ 1
　　1.1.2　データ期間の選択 5
　　　　　COLUMN　次の丙午はどうなるか 8
　　1.1.3　間隔の選択 9

1.2 ● 時系列データの構成 15
　　1.2.1　傾向変動　T（Trend）と循環変動　C（Cycle）およびトレンド・サイクル　TC
　　　　　.. 15
　　1.2.2　季節変動　S（Seasonal） 16
　　1.2.3　不規則変動　I（Irregular） 17
　　1.2.4　原系列と加法モデル・乗法モデル 18

1.3 ● ラグ・階差・移動平均・対数変換 19
　　1.3.1　ラグ 19
　　1.3.2　階差 20
　　1.3.3　移動平均 21
　　　　　COLUMN　前方移動平均、中心移動平均、後方移動平均 24
　　1.3.4　対数変換 25

第2章 時系列データの準備、編集と時系列グラフ　　27

2.1 ● EG 用の時系列データの準備 27
- 2.1.1　時間 ID 変数の作成と加工 28
- 2.1.2　時間 ID を使った時系列変数の編集 35
- 2.1.3　データの補間 43

2.2 ● EG 用の時系列データの加工・編集 48
- 2.2.1　EG で行う期間の選択 48
- 2.2.2　EG で行うラグの作成 59
- 2.2.3　EG で行う階差の作成 65
- 2.2.4　EG で行う移動平均の作成 71
  - COLUMN　12 ヶ月移動平均（中心化移動平均）の作成 79
- 2.2.5　EG で行う対数変換 81
- 2.2.6　時系列グラフの作成 87
  - COLUMN　グラフからわかるデータの異常 91

第3章 自己相関　　93

3.1 ● 相関係数と偏相関係数 93
- 3.1.1　相関係数とは 93
- 3.1.2　EG で行う相関係数の算出 95
- 3.1.3　偏相関係数とは 99
- 3.1.4　EG で求める偏相関係数 100

3.2 ● 自己相関係数と偏自己相関係数 102
- 3.2.1　自己相関係数と偏自己相関係数とは 102
- 3.2.2　EG で求める自己相関係数と偏自己相関係数 103
- 3.2.3　コレログラム 108

第4章　季節性の分解　　119

4.1 ● 季節性の分解とは 119
- 4.1.1　時系列データの傾向の確認 119
- 4.1.2　時系列データの構成の確認 121

4.2 ● EGで行う季節性の分解 123
- 4.2.1　EGで行う季節性の分解　加法モデル 123
- 4.2.2　EGで行う季節性の分解　乗法モデル 141

第5章　次期の予測　　159

5.1 ● 次期の予測 159
- 5.1.1　ステップワイズ自己回帰（自己回帰プロセス用） 159
- 5.1.2　指数平滑化（移動平均プロセス用） 160
- 5.1.3　Winters法（乗法型季節調整プロセス用） 160
- 5.1.4　Winters法（加法型季節調整プロセス用） 160

5.2 ● EGで行う次期の予測 161
- 5.2.1　EGで行うステップワイズ自己回帰 162
- 5.2.2　EGで行う指数平滑化 174
- 5.2.3　EGで行うWinters法（乗法型） 180
- 5.2.4　EGで行うWinters法（加法型） 187
  - **COLUMN** 当てはまりが一番よいのはどの手法か 193

第6章　ARIMAモデルと予測　　195

6.1 ● ARIMAとは 195
- 6.1.1　AR、MA、ARMAモデル 195
- 6.1.2　データの定常性・非定常性とARIMAモデル 196

6.2 ● EG で行う ARIMA モデルの予測の実際 197
6.2.1 EG での ARIMA モデルの指定 199
6.2.2 EG での ARIMA モデルの出力 206

第7章 自己回帰誤差付き回帰分析　213

7.1 ● 回帰分析について 213
7.1.1 線形回帰分析とは 213
7.1.2 EG で行う線形回帰分析 214

7.2 ● 自己回帰誤差付き回帰分析 218
7.2.1 自己回帰誤差付き回帰分析とは 218
7.2.2 EG で行う自己回帰誤差付き回帰分析 219

第8章 パネルデータの回帰分析　225

8.1 ● パネルデータとは 225
8.1.1 クロスセクションデータ 225
> COLUMN 人口動態と人口静態 226

8.1.2 時系列データ 226
8.1.3 パネルデータ 227

8.2 ● パネルデータの回帰分析 229
8.2.1 パネルデータの回帰分析の種類 229
8.2.2 EG によるパネルデータの回帰分析の実際 230
> COLUMN 仮説検定とは 238

参考文献 247
索引 249

サンプルファイルについて

サンプルファイルの著作権は、監修者であるSAS Institute Japanおよび著者に帰属します。

オーム社ホームページ：http://www.ohmsha.co.jp/

『SAS Enterprise Guide 時系列分析編』ページからダウンロードしてください。

※ダウンロードサービスは、止むを得ない事情により、予告なく中断・中止する場合があります。

免責事項

本書および本書のサンプルファイルの内容を適用した結果、および適用できなかった結果から生じた、あらゆる直接的および間接的被害に対し、監修者、著者、出版社とも一切の責任を負いませんので、ご了承ください。また、ソフトウェアの動作・実行環境・操作についての質問には、一切お答えできません。

本書の内容は原則として、執筆時点（2017年1月）のものです。その後の状況によって変更されている情報もあり得ますのでご注意ください。

第1章 時系列分析とは

1.1 時系列分析の考え方

　時系列分析とは、一定の時間単位で測定された時系列データを元に予測を行うということを指します。わかりやすくいえば、時間単位や日単位、月単位など一定の時間おきに集めたデータを用いて、次の時間、日、月のデータがどのようになるか予測するということです。

　本書ではSAS Enterprise Guide（以下EG）を使って、時系列分析そのものと、分析用の時系列データの作成や加工について説明します。時系列分析は、統計解析の中でも独特の用語やデータに対する考え方を使います。EGを使えば、他の解析と同じように容易にデータの作成や分析を行うことができます。

　まずこの章では、時系列分析で扱うデータや分析の種類、統計量について説明します。
　時系列分析は時系列データで予測を行う分析と書きました。予測といえば、重回帰分析などの回帰分析が思い浮かぶかと思います。これらの分析は複数の変数を使って予測を行う多変量解析でした。しかし、時系列分析の場合、変数は1つであることがほとんどです。1種類の変数について、その変数のそれまでのデータから、その変数のその後を予測するというのが時系列分析の大きな特徴です。

1.1.1 ● 時系列分析のイメージ

　時系列分析とは、実際にはどのようなものでしょうか。1つの変数を時系列に測定しているということになるので、例えば以下のような感じです。

第 1 章　時系列分析とは

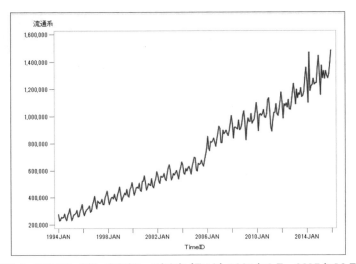

図 1.1　時系列データ例　流通系カード売上高（月ごと）1994 年 1 月～ 2015 年 12 月

　図1.1のデータは、「経済産業省・特定サービス産業動態統計調査」から得た、1994年1月から2015年12月までの、流通系クレジットカードの売上高をグラフにしたものです。このグラフは、月ごとの売上高がグラフになっています。このように、時系列分析は一定の時間間隔で測定したデータを使用します。この一定の間隔ということが非常に重要です。

　時系列分析は1変量のデータの予測なので、「時間の変化が及ぼした影響」が大事になるからです。1つの時期（時系列分析ではこれを1期と呼びます）より前と、今のデータがどれだけ関連しているか、もう1期前とはどう関連しているか。毎月のデータなら12期前は同じ月になりますし、毎日のデータなら7期前が前の週、毎時のデータなら24期前が前日になります。もし、測定時期がバラバラだと、データの測定間隔が揃わないので時間の影響をうまく考えることができなくなります。

　時系列分析の目的の1つは予測をすることです。これまでのデータから、次の期はどうなるかということが予測です。前述のグラフでいえば、次の期の売上はどれだけなのか、来年の出生数はどれくらいなのか、データから予測をすることです。経済活動だけでなく、次がどうなるかを知るのは重要なことです。明日の来場者はどれくらいなのか、それによって用意するものが変わることもあるでしょう。精度の高い予測をすることは、世の中のいろいろな場面で重要なことです。予測を行うには予測のためのモデル式を作成します。EGではARIMAモデルで予測を行うことができます。

時系列分析のもう1つの目的は、長期的な傾向や季節的な影響の有無を知るということです。長期的に上昇傾向にあるのか、下降傾向にあるのか、変わっていないのか、季節による周期的な変化はあるのか、それを知ることです。図1.1のクレジットカードのグラフは、ギザギザと上下動を繰り返していますが、20年間で売上高は上昇していることが見て取れると思います。

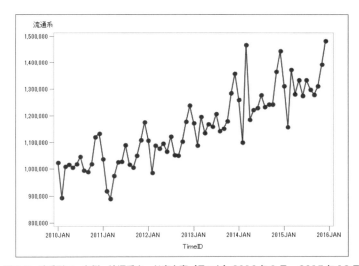

図 1.2　時系列データ例　流通系カード売上高（月ごと）2010年1月〜2015年12月

　図1.2は、図1.1を2010年から2015年までの6年間のデータにしたものです。図1.1は20年分もデータがあるので、どうしてもグラフが見にくくなります。そこで、部分的に抜粋してみました。図1.2も、全体として右に上がっているのはわかると思いますが、期間が短いので、図1.1のグラフよりも上がり方は緩やかに見えるかもしれません。

　そして、ギザギザのパターンがよく見えるかと思います。カードの売上高なので、要するにカードを使ってどれだけ買い物をしているかというデータです。このグラフを見ると、何となくパターンがわかると思います。ただ、これでもわかりにくいかもしれないので、データを加工して、1年ごとに別の変数として6本の折れ線グラフにしてみました（図1.3）。

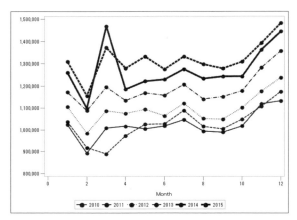

図 1.3　時系列データ例　流通系カード売上高（月ごと）2010 年～ 2015 年別

　モノクロの出力なのでちょっとわかりにくくて恐縮なのですが、下から細い実線が2010年、細い破線が2011年、細い点線が2012年、細い一点鎖線が2013年、太い実線が2014年、一番上の太い破線が2015年です。年を経るごとにグラフが上に行っているということは、前年よりも翌年の方が売上があるということなので、年々売上が上昇していることが読み取れます。

　グラフの右が12月なので、翌年の左側とつながることになります。それをつなげると、先ほどの図1.2のグラフと同じになりますが、図1.3の形の方が、年で共通するパターンを把握しやすいと思います。カードの売上は2月にガクッと下がり、3月に急激に上がり、4月に少し下がって5月に少し上がり、6月に少し下がって7月に少し上がり、8月に下がると横ばいで10月から上がって12月に最高値を記録というのがだいたいの年のパターンです。ちなみに、12月から翌年の1月は下がります。

　これは意外なことでも何でもなくて、お正月の後、2月は日数も少ないし、寒くて出かけないので消費も伸びません。3月は年度末や新年度の準備で消費も増え、4月は元に戻っても5月は連休でまた消費が増え、6月に戻っても、7月はボーナスで消費が伸びるでしょう。そしてその後年末に向けて、クリスマスや新年の準備などで12月のボーナスシーズンに向けて一気に消費が増えるということです。

　余談ですが、著者は本書のシリーズを書いている途中で非常勤講師から常勤の教員になりました。それまで、持っているカード会社からはお愛想程度にボーナスシーズンに案内が来ていましたが、常勤で賞与をいただく身分となった翌年から、ボーナスシーズンには銀行や銀行系カード会社などから盛んに電話が来るようになりました。

ボーナスは消費の原動力となっているなぁとつくづく感じています。

今見たような、毎年同じように変わるデータの変化を季節変動と呼びます。図1.3はほぼどの年も同じ変化の仕方です。例外は2011年3、4月と2014年の3月です。2011年3月は他の年と違い2月よりも売上が下がっています。4月も前年より低い状態です。これは、同年3月11日に発生した東日本大震災と、その後の計画停電等の影響だと考えられます。2014年の3月は特段に売上が多く、この年だけ3月の売上が同じ年の12月の売上を上回っています。これは、この年の4月から消費税率が5％から8％に変更になったため、その駆け込み需要と考えられます。

このように、時系列分析のデータはグラフにすると傾向を把握することができます。そしてその傾向を把握してからどうするかというのが、時系列分析を行う上での問題になります。今のように、どういうパターンでデータが変化しているのかを探るのも、時系列分析の目的の1つです。そのほかに、例えば毎月の上下への変動はあるけれど、全体を通して上昇傾向なのか、下降傾向なのか知りたいということもあります。また、純粋に時間が変化することの変化のみを知りたいということもあります。全体的な上昇、下降の影響を除いて、時間が変化することでデータがどのように変わるかということを見たいという場合です。

これらのことに対応するため、時系列分析は、分解という考えを使って、実際の値がいくつかの成分から構成されていると考えます。一般的な回帰分析では、説明変数と定数項から目的変数の式を作りますが、それと似ています。

1.1.2 ● データ期間の選択

時系列のデータを分析用に得るのは、昔は結構大変でした。少なくとも著者が学部・院生だった1980年代後半から90年代前半は、学生は官公庁の時系列データなどを分析で使いたければ、最近の部分は図書館で資料をコピーして自分で入力するか、入力した人がいないか他の研究室などを尋ねてまわりました。うまくすると、よその研究室の数年前に卒業した名前も知らない先輩の残したデータに出会えることも、ごくまれにありました。

時は流れ、官公庁のデータはExcelやCSV形式で、Webサイト上から簡単にダウンロードできるようになりました。隔世の感とはまさにこのことです。そしてビッグデータの世の中、昔と比べて時系列のデータは容易に手に入るようになりました。しかし、容易に手に入るからといって、すべてのデータが使えるわけではありません。

図 1.4　時系列データ例　日本の出生数（年ごと）1947 年〜 2015 年

　図1.4は毎年の日本の出生数のグラフです。日本の出生数は太平洋戦争後の1947（昭和22）年から260万人台で推移しますが、1949（昭和24）年の2,696,638人をピークに翌1950（昭和25）年から減少傾向となります。その後1961（昭和36）年の1,589,372人をいったん底として、翌1962（昭和37）年から再び上昇傾向になります。そして、1973（昭和48）年の2,091,983人をピークに再度下降傾向になります。この下降傾向は、少なくとも本書執筆時前線の2015（平成27）年まで続いています。執筆時点で最新の2015（平成27）年の出生数は1,003,539人で、1949年の4割弱、1973年の半分です。

　ちなみに、1947年〜49年の3年間は出生数が250万人を超えており、この3年間で800万人以上が生まれています。この時期を第1次ベビーブームといい、生まれた人たちを団塊の世代と呼ぶことがあります。また、1971年〜74年までの4年間は出生数が200万人を超えており、やはりこの4年間で800万人以上が生まれています。この時期を第2次ベビーブームと呼び、この時期に生まれた人たちを団塊ジュニアと呼ぶことがあります。ベビーブームで生まれた人たちの子供が、第2次ベビーブームで生まれた人ということになります。第1次ベビーブームと第2次ベビーブームの間はだいたい22、3年です。

　昔は、ベビーブームで生まれた人たちが中心となった第2次ベビーブームがあったように、第2次ベビーブームで生まれた人たちが中心となる第3次ベビーブームが、第2次ベビーブームの20数年後にあるといわれていました。第2次ベビーブームの最後を1974（昭和49）年とすると、その20年後は1994（平成6）年、25年後は1999（平成11）年、30年後は2004（平成16年）でした。図1.4を見てもわかるように、第2次

ベビーブームの20～30年後に出生数が増加するような状況にはなりませんでした。本書を執筆している2017年1月現在、日本の出生数は減少傾向にあります。もし今後の出生数を予測するのであれば、少なくとも1974年までのベビーブームがあった頃のデータは役に立たないことになります。ベビーブームがあったような状況と、今は違っていると判断できるからです。

最初のベビーブームは、太平洋戦争の終結で戦地から男性たちが帰還し、戦争の不安もなくなったことで出生数が増えたと考えられています。そのとき生まれた人たちが、大人になったときが第2次ベビーブームなのですが、人口動態統計を見ると、第2次ベビーブームのときの合計特殊出生率はあまり増加していません。

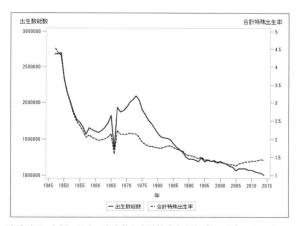

図1.5　時系列データ例　日本の出生数と合計特殊出生率（年ごと）1947年～2015年

図1.5は、出生数に合計特殊出生率を重ねたグラフです。合計特殊出生率は、15歳から49歳までの女性の各年齢階級別出生率の合計で、それが1人の女性が出産する子供の数と定義されます。第1次ベビーブームは出生数と合計特殊出生率が同じような変化になっています。しかし、第2次ベビーブームのときは出産数が増加しても、合計特殊出生率の増加はありませんでした。出産する人は多くても、1人の人が生む子供の数は増えなかったのです。なお近年は合計特殊出生率が若干上昇傾向にあっても、出生数自体は減少しています。これは合計特殊出生率の算定の元となる、15～49歳の女性人口が減少しているためです。母数となる女性人口の減少が大きいので、出生数が下がっても合計特殊出生率は変わらないか少し上昇しています。出生数の時系列データだけで見るとわからないことが、関連する合計特殊出生率の時系列データと比

べることでわかりました。時系列分析だけではありませんが、1つのデータだけでなく、他のデータと比較するのは大切なことです。特に時系列分析は1変数のデータを分析することが多いため、その変数の分析だけをしていると見落としてしまうことがあるかもしれないので注意する必要があります。

時系列分析では、その変数の過去のデータから、傾向を把握したりこれからの予測を行います。そのため、状況が変わってしまった場合の予測などはできません。出生数でいえば、第1次や第2次のベビーブームの頃のデータで今後を考えてみても、社会的な状況が変わってしまったので意味がないということです。時系列分析というのは、あくまでこれまでの傾向が変わらないという前提のもとに予測を行うものです。もっとも、これは時系列分析に限ったことではなく、統計解析における予測は「これまでと同じ条件が継続するという前提」で分析を行っています。状況が変化して今後どう変わるか、ということは統計解析の予測には向きません。それは予測ではなく予想ということで、データから判断するものではありません。時系列分析で使用するデータは、同じ状況下にあるデータである必要があります。そうでないと、予測の前提が崩れてしまうことになるからです。

COLUMN
次の丙午はどうなるか

図1.4の出生数のグラフですが、前述のように1961（昭和36）年から上昇傾向になり、1973（昭和48）年にピークを迎えています。ただその上昇傾向の途中にある1966（昭和41）年は、極端に出生数が少なくなっています。この年は干支でいうと丙午（ひのえうま）にあたっていました。「丙午に生まれた女は男を食い殺す」という俗説があって、丙午には子供を産むことを避けるという風習が日本にはありました。というかあります。実際に丙午の年は出生数が下がっています。

```
1965（昭和40）年　乙巳（きのとみ）　　　　　1,823,697
1966（昭和41）年　丙午（ひのえうま）　　　　1,360,974（対前年　74.6%）
1967（昭和42）年　丁未（ひのとひつじ）　　　1,935,647（対前年　144.2%）
```

66年は65年の74%しか出生がありませんでした。そして翌67年は66年よりも144%も出生数が増えました。これは1966年の60年前、1906年の丙午も似たよう

な傾向が見られます。

　1905（明治38）年　乙巳（きのとみ）　　　1,452,770
　1906（明治39）年　丙午（ひのえうま）　　1,394,295（対前年　96.0%）
　1907（明治40）年　丁未（ひのとひつじ）　1,614,472（対前年　115.8%）

　明治時代の方が増減の割合が昭和よりも小さいのが、著者としては意外なのですが、やはり丙午に向けて減少、丙午が終わってから増加という傾向は変わりません。丙午で出生数が減ると、その反動か翌年の丁未はその前の乙巳のときよりも出生数が多くなります。先に産んでしまおうというよりは、1年出産を待とうという方が現実的だからだと思われます。著者は丁未の後の戊申（つちのえさる）の生まれですが、早生まれなので学年は丁未の学年になります。1学年上が丙午にあたっていたので、上級生は自分たちより1クラス少なかったり、クラスの人数が少なかったりしました。逆に自分たちの学年は上級生より1クラス多かったり、他の学年が1クラス40人のところ、自分たちは48人とかぎっちぎちだったりしました。高校や大学入試のときは、臨時定員増ということで募集定員が臨時に増やされたりしました。

　次の丙午は2026年です。そのときも出生数は少なくなり、翌年の2027年は出生数が増えることになるのでしょうか。それとも俗説を気にする人が少なくなって、他の年と出生数が変わらなくなるのでしょうか。このようなことは、データからでは予測ができません。直前になれば、子供を産みそうな年齢の人に調査するなどして、丙午を避けるかどうか聞くことで予測ができるかもしれませんが、この原稿を書いている時点で10年ほど後のことになるので、この時点で予測することはかなり難しいでしょう。

1.1.3 ● 間隔の選択

　トランザクションデータが自動的に集まる状況であれば、時系列分析で得られるデータも増えます。予測式を作成するには、状況が今と変わっていないのであれば、予測の元となるデータが多い方が精度は上がります。測定間隔を細かくすれば、得られるデータの数は増えます。ただ、単純に増やせばいいというものではありません。どこまでの間隔でデータを取るか、それは前述の期間と同様に時系列分析における大きな問題です。

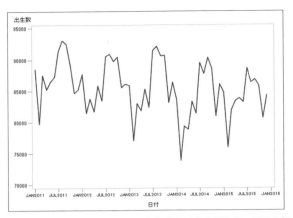

図 1.6　時系列データ例　日本の出生数（月ごと）2011 年～ 2015 年

　先ほどの図1.4は年ごとの出生数でしたが、この図1.6は毎月のグラフです。ただし、図1.4のように終戦直後からにしてしまうとグラフが見にくいので、2011（平成23）年から2015（平成27）年までの5年間のデータです。月で見ると出生数も周期的な変動をしていることがわかります。もう少しわかりやすくするために、年単位で分割してみると以下のようになります。

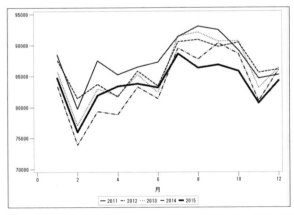

図 1.7　時系列データ例　日本の出生数（月ごと）2011 年～ 2015 年別

　このグラフもモノクロの出力なのでわかりにくくて恐縮なのですが、上から細い実線が2011年、細い破線が2012年、細い点線が2013年、細い一点鎖線が2014年、太

い実線が2015年です。出生数は年々少なくなっているので、新しい年のデータほど下にあることになります。出生数は、年によって若干違いはありますが、7月から9月にかけてが多く、2月と11月が少なくなる傾向にあります。出生数を年間の合計で見ていくのであれば、この変動は隠れてしまうことになります。月間の変動について興味がなく、年間のデータから長期的な傾向を把握するのであれば、それでも問題はありません。ただ、長期的な変動を見たいのだけど、データが手に入らない場合ということもあります。

図1.6は60ヶ月のデータになるので、プロットするポイントが60個あります。これを年にしてしまうと5年になるので、ポイントは5カ所しかなくなってしまいます（図1.8）。

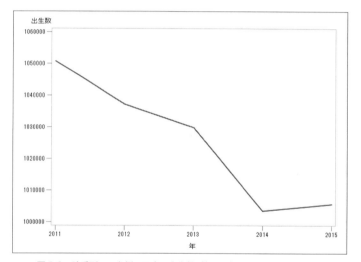

図1.8　時系列データ例　日本の出生数（年ごと）2011年～2015年

さすがにこのデータでは、ケース数が少なすぎて予測がうまくできません。物理的な期間は同じですが、1年ごとのデータ5回と、1ヶ月ごとのデータ60回では、当然後者の方でないと予測を行ったり傾向を把握することが難しくなります。

もちろん年ごとのデータでも、10数年分など、分析を行うのに最低限必要と考えられるデータ数があれば問題はありません。あとは月ごとのデータだと見ることができる変動を、見なくてよいかという話になります。

この、測定間隔をどこまで細かく、粗くするかという問題は意外と大きな問題です。

第1章 時系列分析とは

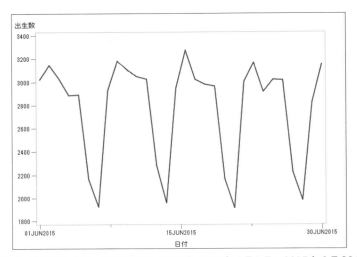

図1.9 時系列データ例 日本の出生数(日ごと)2015年6月1日～2015年6月30日

図1.9は2015(平成27)年6月の毎日の出生数です。グラフを見ると、定期的に下がって、即上がってというパターンを繰り返しています。落ち込んでいるところが4カ所あります。実際のデータは以下のようになっています。

表1.1 2015(平成27)年6月の出生数

月日	曜日	出生数	月日	曜日	出生数
6月1日	月	3,025	6月16日	火	3,276
6月2日	火	3,149	6月17日	水	3,022
6月3日	水	3,029	6月18日	木	2,981
6月4日	木	2,888	6月19日	金	2,965
6月5日	金	2,894	6月20日	土	2,167
6月6日	土	2,164	6月21日	日	1,915
6月7日	日	1,925	6月22日	月	3,003
6月8日	月	2,931	6月23日	火	3,169
6月9日	火	3,182	6月24日	水	2,916
6月10日	水	3,108	6月25日	木	3,021
6月11日	木	3,048	6月26日	金	3,016
6月12日	金	3,026	6月27日	土	2,226
6月13日	土	2,282	6月28日	日	1,983
6月14日	日	1,959	6月29日	月	2,830
6月15日	月	2,946	6月30日	火	3,154

この表からもわかるように、土曜日は金曜日よりも出生数が減り、さらに日曜日に出生数が減って、月曜日以降元に戻るというパターンのあることがわかります。これは、赤ちゃんが「ちょっと週末は生まれないでおこうかな」と思っているわけではなく、緊急性の低い医療介入を行う出産は、スタッフの人数が多い平日に行われているということです。事実として週単位でパターンがあるのですが、これを分析で見るかどうかは、分析をする人の興味関心によります。

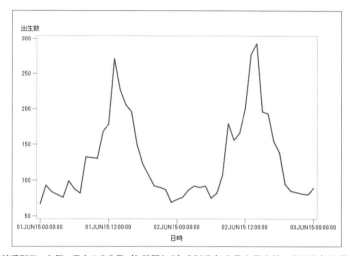

図1.10　時系列データ例　日本の出生数（1時間おき）2015年6月1日0時〜2015年6月2日23時

　細かさでいえば、厚生労働省の人口動態統計は毎時間の出生数も取っているので、1時間あたりの出生数も知ることができます。図1.10を見ると、1日の中でも多い少ないがあります。実際のデータは次ページの表1.2のようになっています。
　このデータを見ると、昼間の時間帯の出生数が多いことがわかります。これはもちろん赤ちゃんが「やっぱり生まれるなら昼間だよね」と思っているわけではなく、先ほどと同様に、緊急性を要しない医療介入を必要とする分娩が日中に行われているということです。先ほどの週で見たときと同様に、事実としては時間ごとのパターンがあるのですが、時間ごとの変化が分析に必要かどうかを判断する必要があります。

表1.2 2015（平成27）年6月1日0時から6月2日23時までの1時間おきの出生数

日	時	出生数	日	時	出生数
6月1日	0:00	67	6月2日	0:00	73
6月1日	1:00	93	6月2日	1:00	76
6月1日	2:00	84	6月2日	2:00	86
6月1日	3:00	80	6月2日	3:00	92
6月1日	4:00	76	6月2日	4:00	90
6月1日	5:00	99	6月2日	5:00	92
6月1日	6:00	88	6月2日	6:00	75
6月1日	7:00	82	6月2日	7:00	82
6月1日	8:00	132	6月2日	8:00	107
6月1日	9:00	131	6月2日	9:00	179
6月1日	10:00	130	6月2日	10:00	156
6月1日	11:00	168	6月2日	11:00	166
6月1日	12:00	178	6月2日	12:00	201
6月1日	13:00	271	6月2日	13:00	277
6月1日	14:00	228	6月2日	14:00	293
6月1日	15:00	206	6月2日	15:00	196
6月1日	16:00	196	6月2日	16:00	193
6月1日	17:00	149	6月2日	17:00	154
6月1日	18:00	122	6月2日	18:00	138
6月1日	19:00	107	6月2日	19:00	94
6月1日	20:00	92	6月2日	20:00	85
6月1日	21:00	90	6月2日	21:00	83
6月1日	22:00	87	6月2日	22:00	81
6月1日	23:00	69	6月2日	23:00	80

　出生数のデータは人為的な介入の結果なので少々話は違いますが、仮にこれがテーマパークの来場者数などで時間や曜日で変化があったとします。スタッフの配置などを考える場合に、曜日や時間ごとの人数予測は重要です。しかし売上の予測をするなら、1時間ごとの売上はそれほど必要ではなく、せいぜい午前午後か、1日単位で問題ないでしょう。これが物販の品出しなどを考えるのであれば、時間単位でのデータが必要かもしれません。

　このように、どの間隔で集めたデータが必要であるかは、何を予測したいかによって異なります。昔に比べれば、時系列データの収集はずいぶん容易になりました。だからといって闇雲にデータを集めても意味がありません。必要に応じたデータを集めることが大切です。また、時系列のデータは、その測定単位の中でまた何らかの変動を内包していることがあります。どこまでそれを重視するのか、または無視して構わないとするかは、分析する人次第です。

1.2 時系列データの構成

これまで説明したように、時系列分析で必要なデータは、一定間隔の時間で測定したデータです。定期的な時間の変化の中で、データがどのように変わるのか、変わらないのかということが、時系列分析では重要になります。

このデータの変化について、時系列分析では以下の変化（変動）があると考えることにしています。

- 傾向変動　T（Trend）
- 循環変動　C（Cycle）
- 季節変動　S（Seasonal）
- 不規則変動　I（Irregular）

このうち、傾向変動と循環変動は、組み合わせてトレンド・サイクル（TC）として扱われることが多いです。実際に測定される実測値データは、これらの各変動を合成したものと考えます。各変動が合成された実測値のことを、原系列と呼びます。ここでは、各変動と、それらが合成された原系列について説明します。

1.2.1 傾向変動　T（Trend）と循環変動　C（Cycle）およびトレンド・サイクル　TC

傾向変動は、時間が進むにつれ増えていく、または減っていくという、時系列データの変動の中心成分です。傾向変動は、循環変動や季節変動などの周期的な変動と比べると長期的な推移となるので、長期変動やトレンドとも呼ばれます。時系列分析では、この傾向変動がどのようなものであるか、つまりは次はどれだけ上昇するか、もしくは下降するかということを予測するのが大きな目的です。傾向変動が観測されなければ、データは時間によって変化しないということになります。

循環変動は、ある一定の周期で増減（上昇・下降）を繰り返すデータの動きです。非常に長い年月の動きであったり、あるいは数ヶ月という短いスパンであることもあります。循環変動の特徴は、増加と減少を繰り返すということですが、先ほどの傾向変動と組み合わさっている場合もあります。周期的な増減を繰り返しながら長期的には増加・減少しているような場合です。

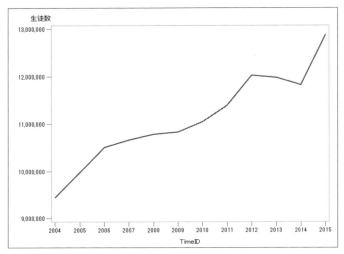

図 1.11　トレンド・サイクル例　経済産業省：特定サービス産業動態統計調査より学習塾の年間生徒数 2004 年〜 2015 年

　図1.11は経済産業省の特定サービス産業動態統計調査から得た、2004年〜 2015年の学習塾の年間生徒数です。一直線に上昇しているわけではなく、年によって下降する場合もありますが、全体としては上昇傾向にあることがわかると思います。
　一般に時系列分析では、季節変動の取り出し（季節性の分解）を主目的とすることが多く、あえて傾向変動と循環変動を分けずに、トレンド・サイクル（傾向・循環変動）として一緒に扱うことが多いです。なお季節周期（年、月、週など）による変動が説明できる上昇・下降の変動は、循環変動ではなく次の季節変動として扱います。

1.2.2 ● 季節変動　S (Seasonal)

　季節変動は文字通り季節的な変動です。1年おきに繰り返される変化を指すことが多いですが、曜日効果や休日効果も季節変動として扱われます。先ほどの出生数の、月や週の変動も季節変動です。

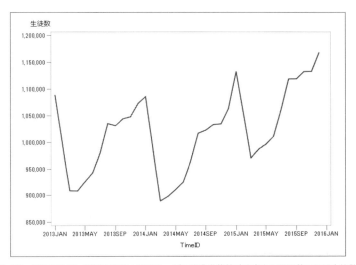

図1.12　季節変動例　経済産業省：特定サービス産業動態統計調査より学習塾の月間生徒数
2013年1月〜2015年12月

　図1.12はやはり経済産業省の特定サービス産業動態統計調査から得た、2013年1月〜2015年12月の学習塾の月間生徒数です。学習塾の生徒数は、受験直前の1月がピークで、それが終わればガクッと減り、新学期が始まってからまた急激に増えるというパターンがわかるかと思います。

　この季節変動を取り除き、傾向変動を取り出して予測を行うことが時系列分析に対する大きなニーズです。経済分析においては、季節変動に影響されない長期的変動を知りたいからです。

　一方で、どのような季節変動があるかを知りたいというニーズもあります。販売で発注業務を行っている場合などは、季節変動を把握して無駄のない発注業務を行う必要があります。

　このように同じ時系列分析でも、季節変動を知りたいか、季節変動を取り除いた影響を知りたいかは、分析の目的によって異なります。

1.2.3 ●不規則変動　I (Irregular)

　不規則変動は、ノイズともいいます。要は誤差です。誤差を除去したものが純粋な傾向変動や周期変動であり、期間内の誤差の合計は理論上ゼロになります。

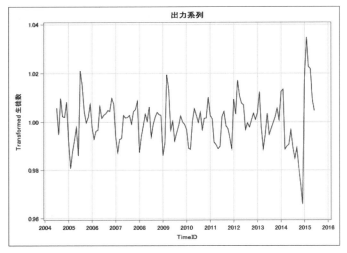

**図 1.13　不規則変動例　経済産業省：特定サービス産業動態統計調査による学習塾の生徒数より作成
2004 年〜 2015 年**

　図1.13は図1.11のデータから不規則変動だけ抽出したものです。不規則変動は、「不規則」な変動です。実際には予測不能な変動や、説明できない変動が含まれています。仮に、本当に「不規則」であるなら、不規則変動のみを集めるとある値を中心に一定の幅の中で変化するデータとなります。もし合計が特定の値になるのなら、それは本当の意味での「不規則」ではなく何か特定の意味があるからです。この、本当に「不規則」な不規則変動のことをホワイトノイズといいます。日本語では、そのまま「白色変動」と訳されます。なぜ「白色」なのかというと、光が全周波数を含むと白色になることから、全範囲にわたる変動のことをこのように呼んでいます。不規則変動がホワイトノイズであるなら、本当に予測することのできない誤差ということになります。

1.2.4 ●原系列と加法モデル・乗法モデル

　時系列データは、これらの各変動から構成されていると考えます。これらを分解することが時系列分析に対する大きなニーズの1つです。特に季節変動を取り出すことが重要で、季節によってどれだけ変動するかを把握、または季節変動を取り除いた上昇や下降を把握するというのが、時系列分析に求められているものです。

　これら各成分から構成されている時系列データですが、元々のデータのことを原系列と呼びます。原系列は実測値です。原系列は各種の変動から構成されていると考え

ます。そのときに原系列はこれらを加算していった加法モデルであるという考え方と、掛け合わせていった乗法モデルであるという考え方があります。

加法モデル　原系列＝$TC + S + I$
乗法モデル　原系列＝$TC \times S \times I$

特に経済データなどの時系列分析においては、原系列は単純な加法モデルではなく、乗法モデルと仮定されることが多いです。季節変動を説明する場合など、乗法モデルでは季節変動が何倍という言い方ができるので、説明がしっくりくるという効果もあるようです。

1.3　ラグ・階差・移動平均・対数変換

時系列データを扱うときに、よく出てくる用語があります。それがここで説明するラグ、階差、移動平均、対数変換です。対数変換は他の分析でも比較的出てきますが、その他は時系列分析で非常によく使われます。

1.3.1　ラグ

ラグとは遅れのことです。何が遅れているかというと、測定した時間が遅れているということです。時系列のデータは、そのデータが前の時点のデータとどれだけ関連を持っているかということが基本的な考え方です。そのデータの前の時点と関連性がなければ予測はできません。この、前の時点のことをラグといいます。毎月取っているデータなら、1期前である前月のデータは1次のラグということになります。1年前のデータなら12期前ですから12次のラグです。

表 1.3　学習塾の生徒数と 1 次のラグ　2014 年 1 月～ 2015 年 12 月

年月	実測値	ラグ
2014 年 1 月	1,085,905	
2014 年 2 月	982,153	1,085,905
2014 年 3 月	888,450	982,153
2014 年 4 月	897,165	888,450
2014 年 5 月	909,537	897,165
2014 年 6 月	924,524	909,537

年月	実測値	ラグ
2014年7月	964,466	924,524
2014年8月	1,016,566	964,466
2014年9月	1,022,512	1,016,566
2014年10月	1,033,089	1,022,512
2014年11月	1,034,432	1,033,089
2014年12月	1,063,457	1,034,432
2015年1月	1,132,433	1,063,457
2015年2月	1,049,601	1,132,433
2015年3月	970,830	1,049,601
2015年4月	986,640	970,830
2015年5月	996,057	986,640
2015年6月	1,010,846	996,057
2015年7月	1,060,924	1,010,846
2015年8月	1,118,670	1,060,924
2015年9月	1,118,833	1,118,670
2015年10月	1,132,574	1,118,833
2015年11月	1,132,981	1,132,574
2015年12月	1,168,254	1,132,981

表1.3は「1.2 時系列データの構成」でも説明した、学習塾の生徒数データのうち2014年1月から2015年12月までのデータを抜粋したものです。「ラグ」は1次のラグなので、前月のデータと同じものになっています。

時系列分析では、直前の期のデータと関連しているのか、それとももっと前の期のデータと関連しているのか（周期変動）、どの期のデータとも関連がないのかが重要な考え方となります。

ちなみに、1期先の場合はリードといいます。時系列分析は過去のデータが現在に影響しているという考えなので、リード側は予測対象となる側のデータということになります。

1.3.2 ● 階差

階差とはラグとの差です。ラグが1次なら1階差となります。階差を取ると、変化の様子がよくわかることがあります。

表 1.4 学習塾の生徒数と 1 次のラグと階差　2014 年 1 月〜 2015 年 12 月

年月	実測値	ラグ	階差
2014 年 1 月	1,085,905		
2014 年 2 月	982,153	1,085,905	− 103,752
2014 年 3 月	888,450	982,153	− 93,703
2014 年 4 月	897,165	888,450	8,715
2014 年 5 月	909,537	897,165	12,372
2014 年 6 月	924,524	909,537	14,987
2014 年 7 月	964,466	924,524	39,942
2014 年 8 月	1,016,566	964,466	52,100
2014 年 9 月	1,022,512	1,016,566	5,946
2014 年 10 月	1,033,089	1,022,512	10,577
2014 年 11 月	1,034,432	1,033,089	1,343
2014 年 12 月	1,063,457	1,034,432	29,025
2015 年 1 月	1,132,433	1,063,457	68,976
2015 年 2 月	1,049,601	1,132,433	− 82,832
2015 年 3 月	970,830	1,049,601	− 78,771
2015 年 4 月	986,640	970,830	15,810
2015 年 5 月	996,057	986,640	9,417
2015 年 6 月	1,010,846	996,057	14,789
2015 年 7 月	1,060,924	1,010,846	50,078
2015 年 8 月	1,118,670	1,060,924	57,746
2015 年 9 月	1,118,833	1,118,670	163
2015 年 10 月	1,132,574	1,118,833	13,741
2015 年 11 月	1,132,981	1,132,574	407
2015 年 12 月	1,168,254	1,132,981	35,273

　表1.4は、表1.3に階差を加えた表です。各月の階差は、実測値（原系列）からラグを引いたものになっています。時系列データは階差を取ると、平均や分散が一定になる場合があります。つまり階差を取ることで、時間の違いだけで一定幅で分布するデータにすることができます。このようなデータを定常データと呼び、データに定常性があるといいます。そうでないデータは非定常データと呼ばれます。時系列分析ではデータの定常性が求められることが、非常に多いです。階差を取ることで、非定常データを定常データに変換することができると考えます。

1.3.3 ●移動平均

　移動平均ですが、平均は平均です。問題は移動です。何が移動するかというと、データの範囲です。時系列分析なので、対象となる期間が移動していくことになります。

表 1.5　学習塾の生徒数と移動平均　2014 年 1 月～ 2014 年 6 月（移動平均は 2 月～ 5 月）

年月	実測値	移動平均
2014 年 1 月	1,085,905	
2014 年 2 月	982,153	985,503
2014 年 3 月	888,450	922,589
2014 年 4 月	897,165	898,384
2014 年 5 月	909,537	910,409
2014 年 6 月	924,524	

　表1.5の移動平均は、3項移動平均というものです。2月の移動平均は1月～3月の3ヶ月の平均、3月の移動平均は2月～4月の3ヶ月の平均という具合に、その期と前後の期（ラグとリード）の平均です。今回は3ヶ月、つまり3期なので3項移動平均となります。5期なら5項移動平均、12期なら12項移動平均と呼びます。

　ところで、期が奇数なら、その期を真ん中にして、前後の期が同じ数となります。ところが、以下のように期が偶数の場合そうはいきません。

表 1.6　学習塾の生徒数と 12 項移動平均　2014 年 1 月～ 2015 年 12 月
**　　　（移動平均は 2014 年 6 月～ 2015 年 6 月）**

年月	実測値	12 項移動平均
2014 年 1 月	1,085,905	
2014 年 2 月	982,153	
2014 年 3 月	888,450	
2014 年 4 月	897,165	
2014 年 5 月	909,537	
2014 年 6 月	924,524	985,188
2014 年 7 月	964,466	989,065
2014 年 8 月	1,016,566	994,686
2014 年 9 月	1,022,512	1,001,551
2014 年 10 月	1,033,089	1,009,007
2014 年 11 月	1,034,432	1,016,217
2014 年 12 月	1,063,457	1,023,411
2015 年 1 月	1,132,433	1,031,449
2015 年 2 月	1,049,601	1,039,958
2015 年 3 月	970,830	1,047,984
2015 年 4 月	986,640	1,056,275
2015 年 5 月	996,057	1,064,487
2015 年 6 月	1,010,846	1,073,220
2015 年 7 月	1,060,924	
2015 年 8 月	1,118,670	
2015 年 9 月	1,118,833	
2015 年 10 月	1,132,574	
2015 年 11 月	1,132,981	
2015 年 12 月	1,168,254	

表1.6の2014年6月の移動平均は、2014年1月～12月の平均です。月が偶数なので、このデータは何番目のデータかというと、6月と7月の間のデータということになります。表1.5の3項移動平均（3ヶ月移動平均）の場合、2014年2月の移動平均は1月～3月の平均となるので、真ん中の2月となりますが、1月～12月だと真ん中の月がなく、6.5月のデータということになりよくわからないことになります。このため、項が偶数の移動平均は少し細工をします。

表1.7　学習塾の生徒数と12項移動平均、12ヶ月移動平均　2014年1月～2015年12月
（12項移動平均は2014年6月～2015年6月、12ヶ月移動平均は2014年7月～2015年6月）

年月	実測値	12項移動平均	12ヶ月移動平均
2014年1月	1,085,905		
2014年2月	982,153		
2014年3月	888,450		
2014年4月	897,165		
2014年5月	909,537		
2014年6月	924,524	985,188	
2014年7月	964,466	989,065	987,127
2014年8月	1,016,566	994,686	991,876
2014年9月	1,022,512	1,001,551	998,119
2014年10月	1,033,089	1,009,007	1,005,279
2014年11月	1,034,432	1,016,217	1,012,612
2014年12月	1,063,457	1,023,411	1,019,814
2015年1月	1,132,433	1,031,449	1,027,430
2015年2月	1,049,601	1,039,958	1,035,703
2015年3月	970,830	1,047,984	1,043,971
2015年4月	986,640	1,056,275	1,052,130
2015年5月	996,057	1,064,487	1,060,381
2015年6月	1,010,846	1,073,220	1,068,854
2015年7月	1,060,924		
2015年8月	1,118,670		
2015年9月	1,118,833		
2015年10月	1,132,574		
2015年11月	1,132,981		
2015年12月	1,168,254		

12項移動平均の隣にあるのは、12ヶ月移動平均です。2014年7月の12ヶ月移動平均は、6月の12項移動平均と7月の12項移動平均（厳密には6.5月の移動平均と7.5月の移動平均）を足して2で割ったもの、つまり2つの移動平均値の平均値ということになります。6.5月と7.5月の平均なので7月の平均ということになります。項が偶数の移動平均は、このようにして表記する時間がうまく表示できるように修正します。こ

の修正をした移動平均を、中心化移動平均といいます。一般的に、12ヶ月移動平均のように項が偶数の移動平均は、このように中心化移動平均となっています。

前方移動平均、中心移動平均、後方移動平均

中心化移動平均に対して、中心化していない移動平均を単純移動平均と呼ぶことがあります。基本的に単純移動平均は、その期を真ん中にして、前後の同じ範囲の期を対象とします。それ以外にも、その期を真ん中にしない移動平均があります。

表1.8 学習塾の生徒数と移動平均 2014年1月〜2014年6月

年月	実測値	前方	中心	後方
2014年1月	1,085,905	985,503		
2014年2月	982,153	922,589	985,503	
2014年3月	888,450	898,384	922,589	985,503
2014年4月	897,165	910,409	898,384	922,589
2014年5月	909,537		910,409	898,384
2014年6月	924,524			910,409

前方移動平均は、その期を起点に後の期（リード）の平均を取ります。表1.8の前方移動平均は、3期の前方移動平均です。2014年1月の前方移動平均は1月〜3月の、2月の前方移動平均は2月〜4月の平均ということになります。後方移動平均はその期を起点に前の期（ラグ）の平均を取ります。表1.8の後方移動平均は、3期の後方移動平均です。2014年3月の後方移動平均は1月〜3月の、4月の後方移動平均は2月〜4月の平均ということになります。一般的には、その期を真ん中とする中心移動平均を使うことが多いです。

中心移動平均は、その期と前後のラグとリードの影響の平均と考えることができます。前方移動平均はその期から後のリードの影響、後方移動平均はその期より前のラグの影響と考えることができます。移動平均を考えるときに、前の影響を重視する、後の影響を重視するという状況がある場合は、このような前方、または後方の移動平均を考えることがあります。一般的には、前後の影響を同じように考えるので、単純移動平均では中心移動平均を考えることが多いです。

1.3.4 ● 対数変換

対数は高校の数学で、「指数・対数」という形で触れるかと思います。logを使うのですが、桁の大きな数を少ない桁で表現することができるのと、かけ算を足し算として表現することができるのが大きな特徴です。また、変化が大きなデータのときは、桁の大きい側の変化を小さくして、桁の小さい方の変化をよく見られるようにします。

表1.9 携帯電話契約数 1996年1月〜12月 2013年1月〜12月

日付	契約数	対数	日付	契約数	対数
1996年1月	8,670,000	15.975	2013年1月	129,524,000	18.679
1996年2月	9,357,000	16.052	2013年2月	130,135,000	18.684
1996年3月	10,203,000	16.138	2013年3月	131,725,000	18.696
1996年4月	10,972,000	16.211	2013年4月	132,200,000	18.700
1996年5月	11,749,000	16.279	2013年5月	132,817,000	18.704
1996年6月	12,607,000	16.350	2013年6月	133,291,000	18.708
1996年7月	13,621,000	16.427	2013年7月	133,944,000	18.713
1996年8月	14,440,000	16.486	2013年8月	134,446,000	18.717
1996年9月	15,306,000	16.544	2013年9月	134,883,000	18.720
1996年10月	16,163,000	16.598	2013年10月	135,311,300	18.723
1996年11月	16,912,000	16.644	2013年11月	135,832,000	18.727
1996年12月	18,168,000	16.715	2013年12月	136,558,000	18.732

表1.9は一般社団法人電気通信事業者協会発表の、携帯電話の契約数のデータです。1996年からのデータがあるのですが、紙面の都合で1996年の1年間と2013年の1年間のデータだけを載せています。1996年1月の携帯電話の契約数は867万台でしたが、17年後の2013年の12月は1億3600万台を超えています。ざっと15倍です。

契約数は、だいたい毎月数十万台ペースで増えています。ただ、契約数が1000万台以下の契約数のときに80万台増加するのと、契約累計が1億を超えている状態で80万台超えるのでは増加の意味が違います。同じ数で増加をしていますが、台数が少ない頃は10%近い増加、契約台数が増えた状態では0.5%程度の増加ということになります。

こういう状況のときは、データを対数変換すると、実数ではわからない違いが見えてきます。表1.9の対数は契約数を対数変換したものです。後の年になるほど、変化が小さくなっていることがわかるかと思います。

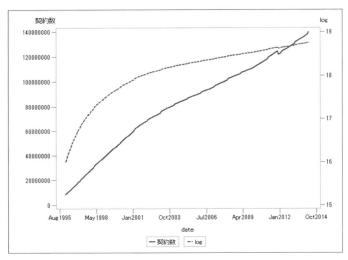

図1.14 携帯電話契約数のグラフ 1996年〜2013年

　図1.14は携帯電話の契約数のグラフです。こちらは表1.9で表示していない間の部分のデータもあります。実線は契約の実数、破線はそれを対数変換したものです。対数にすると2000年手前までは急激に増加し、契約数が1億を超えたあたりから、グラフの変化がゆっくりになっているということがうかがえます。契約台数の単純なグラフだと直線的な増加しかわからないのですが、対数変換することで累計が少ない時点での変化がよくわかるようになりました。

　このように、時系列分析ではデータを対数変換することにより、大きなデータを小さくするだけでなく、小さい値の部分の変化を、わかりやすくするという効果があります。

第2章 時系列データの準備、編集と時系列グラフ

2.1 EG用の時系列データの準備

EGで時系列分析を行うには、時系列用データの準備が必要です。ここではEGで時系列分析を行うためのデータの作成方法と、作成したデータをグラフで確認する方法を説明します。

EGの時系列分析は、「タスク」メニューの「時系列分析」にあります。

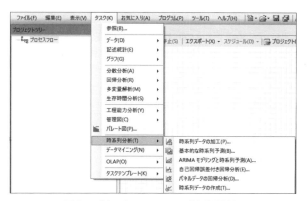

図2.1 「タスク」メニューの「時系列分析」

EGでの時系列分析は、基本的にこのメニューから行います。「時系列分析」内のメニューで分析を行うには、「時間ID変数」と「時系列変数」の2種類の変数が必要になります。

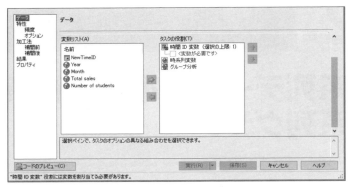

図 2.2 「時系列データの加工」ダイアログの「データ」ペイン

図2.2の右側に、「タスクの役割」があります。ここにある「時間ID変数」が時間間隔を表すデータで、「時系列変数」がその時間間隔ごとに測定された分析対象の変数です。ここでは、各変数について説明します。

2.1.1 ● 時間 ID 変数の作成と加工

「時間ID変数」は、時間間隔のデータです。後述する「時系列変数」は、この間隔で測定されています。はじめからEGの時間形式で入力をしているデータがある場合、そのデータが自動的に時間ID変数として認識されます。

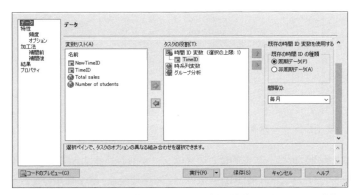

図 2.3 「タスクの役割」の「時間 ID 変数」に変数が自動で指定されている状態

このように自動で「時間ID変数」に指定されるのは、変数のプロパティで「種類」を

2.1 EG 用の時系列データの準備

「数値」、「グループ」を「日付」にしている変数です。

図 2.4　変数のプロパティ 「種類」が「数値」「グループ」が「日付」

ただし既にプロパティの「グループ」が「数値」となっているデータを、プロパティの「グループ」を「日付」に変更しても、そのまま日付データにはなりません。変数のプロパティで「種類」が「数値」、「グループ」が「日付」になっている変数がない場合は、時間IDが自動で取得されません。プロパティの「グループ」を「日付」にしているデータがない場合や、他の変数から時間ID変数になる変数を作成したい場合は、「時系列分析」の「時系列データの加工」で時間ID変数を作成します。

なお、Excelやデータベース等、他のアプリケーションで変数の設定を時間等の書式にしている場合は、ほぼプロパティの「グループ」が日付となり、時間ID変数として自動で読み込まれるようになっています。

今回は以下のデータで加工の説明をします。

表 2.1　2004 年～ 2015 年の学習塾の総売上と生徒数（部分抜粋）

Year	Month	Total sales	Number of students
2004	1	28,949	830,862
2004	2	20,024	735,442
2004	3	23,762	701,575
2004	4	22,932	711,956
2004	5	19,858	736,680
2004	6	21,634	741,688
2004	7	27,983	783,240
2004	8	34,370	819,773
2004	9	26,179	831,349
2004	10	22,743	837,563
2004	11	23,987	841,270
2004	12	35,405	874,172
2005	1	30,756	865,928
2005	2	21,292	779,818

これは第1章でも使用した、経済産業省の特定サービス産業動態統計調査から得た、2004年〜2015年の学習塾の総売上と生徒数のデータです。ただし、第1章では生徒数のみ使用しています。また、変数名はSASの変数規則に合わせて著者が英字で付けたものです。変数は以下のようになっています。

表 2.2 サンプルデータの変数設定

変数名	意味
Year	年 (2004〜2015)
Month	月 (1〜12)
Total sales	総売上 (単位:百万円)
Number of students	生徒数 (人)

このようなデータをそのままEGで入力する、またはExcelなどからEGに読み込むと以下のようになります。

	Year	Month	Total sales	Number of students
1	2004	1	28,949	830,862
2	2004	2	20,024	735,442
3	2004	3	23,762	701,575
4	2004	4	22,932	711,956
5	2004	5	19,858	736,680
6	2004	6	21,634	741,688
7	2004	7	27,983	783,240
8	2004	8	34,370	819,773
9	2004	9	26,179	831,349
10	2004	10	22,743	837,563
11	2004	11	23,987	841,270
12	2004	12	35,405	874,172
13	2005	1	30,756	865,928
14	2005	2	21,292	779,818

図 2.5　2004年〜2015年の学習塾の総売上と生徒数 (一部)

このデータには変数に年と月がありますが、時系列分析では時間ID変数は1変数しか指定できないので、年と月を合わせて1つの変数にする必要があります。年と月を1つにして、なおかつプロパティのグループを「日付」にする必要があります。この作業を「時系列データの加工」から行います。「時系列データの加工」メニューは、「タスク」メニューの「時系列分析」にあります。

2.1 EG用の時系列データの準備

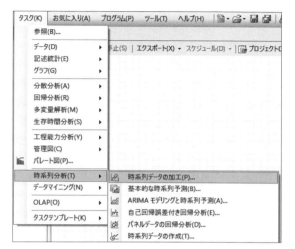

図2.6 「タスク」メニューの「時系列分析」にある「時系列データの加工」

「タスク」メニューの「時系列分析」にある「時系列データの加工」をクリックすると、「時系列データの加工」ダイアログが表示されます。最初に「データ」ペインで、時間IDの作成を行います。

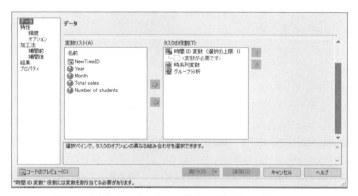

図2.7 「時系列データの加工」ダイアログの「データ」ペイン

今回は変数「Year」と「Month」を一緒にして年月を示す時間IDを作成します。はじめに「変数リスト」にある変数「NewTimeID」を、「タスクの役割」の「時間ID変数」にドラッグします。

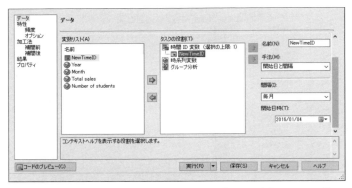

図 2.8 「NewTimeID」を、「タスクの役割」の「時間 ID 変数」にドラッグ

　この「NewTimeID」は、図2.5を見てもわかるように、データシートには存在していません。EGの時系列分析では、必ずこの「NewTimeID」が「変数リスト」に現れます。しかもこの「NewTimeID」は、プロパティのグループが「日付」になっています。この名前とプロパティだけある「NewTimeID」を使って、新たな時間ID変数用の変数を作成するのです。

図 2.9 「NewTimeID」を「時間 ID 変数」に指定したときのダイアログ右側（拡大）

　「NewTimeID」を「時間ID変数」に指定すると、図2.9のように右側にデータの詳細を指定する設定項目が表示されます。一番上の「名前」は変数名で、変更しなければ「NewTimeID」のままです。今回はNewを取って「TimeID」とします。
　その下の「手法」は、「時間ID変数」となる変数の時系列の作成方法の指定です。デフォルトは「開始日と間隔」になっていて、下にある「間隔」と「開始日時」を設定して作成するようになっています。今回は、既存の変数（YearとMonth）から作成するので、プルダウンリストから「既存の日付部分と変数を使用します。」に変更します。

2.1 EG用の時系列データの準備

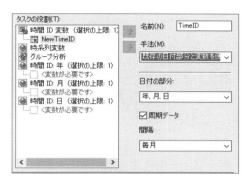

図 2.10 「名前」を「TimeID」に、「手法」を
「既存の日付部分と変数を使用します。」に変更した状態

「手法」を「既存の日付部分と変数を使用します。」に変更すると、その下に「日付の部分」という設定項目が登場します。「日付の部分」のデフォルトは「年, 月, 日」なので、「タスクの役割」にも「時間ID：年」「時間ID：月」「時間ID：日」が新たに表示されています。

今回は変数「Year」と「Month」から年と月の時間ID変数を作成するので、「日付の部分」は、「年, 月」に変更します。

図 2.11 「日付の部分」を「年, 月」に変更した状態

「日付の部分」を「年, 月」に変更すると、「タスクの役割」の「時間ID：日」がなくなります。今回作成する変数は月ごとのデータなので、「間隔」はデフォルトの「毎月」のままで問題ありません。

この状態で、「時間ID：年」に「Year」、「時間ID：月」に「Month」を指定します。時系列変数には「Total sales」（総売上）と「Number of students」（生徒数）を指定します。

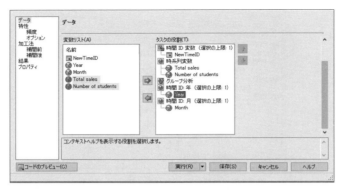

図 2.12　「時間 ID：年」に「Year」、「時間 ID：月」に「Month」　時系列変数に「Total sales」と「Number of students」を指定

「時系列変数」は分析対象の変数なので、ここでは2つとも指定しておきます。これで「実行」をクリックすると、時間ID変数として指定できる変数を持つ、新しいデータテーブルが作成されます。

	TimeID	Total sales	Number of students	Year	Month
1	2004JAN	28,949	830,862	2004	1
2	2004FEB	20,024	735,442	2004	2
3	2004MAR	23,762	701,575	2004	3
4	2004APR	22,932	711,956	2004	4
5	2004MAY	19,858	736,680	2004	5
6	2004JUN	21,634	741,688	2004	6
7	2004JUL	27,983	783,240	2004	7
8	2004AUG	34,370	819,773	2004	8
9	2004SEP	26,179	831,349	2004	9
10	2004OCT	22,743	837,563	2004	10
11	2004NOV	23,987	841,270	2004	11
12	2004DEC	35,405	874,172	2004	12
13	2005JAN	30,756	865,928	2005	1
14	2005FEB	21,292	779,818	2005	2

図 2.13　新たに作成されたデータテーブル

新たに作成された「TimeID」が、時間ID変数として使用できる変数になります。「TimeID」のプロパティは、「グループ」が「日付」になっています。

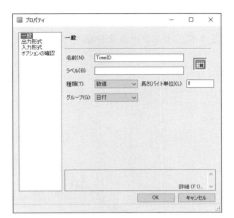

図 2.14 「TimeID」のプロパティ

なお、新たに作成されたデータテーブルは、作業用の一時データです。プロジェクトファイルを閉じた後も再度使用したい場合は、エクスポートして新たなファイルとして保存しておきます。

図 2.15 エクスポートメニュー

ファイルのエクスポートは、「エクスポート」メニューの「変更済み時系列データのエクスポート」から行います。「変更済み時系列データのエクスポート」の前は任意の一時ファイル名が付いています。インストールの環境によって若干表示が異なりますが、エクスポートダイアログ内でデータを保存するフォルダを選択し、任意のファイル名を付けて保存をします。

2.1.2 ● 時間 ID を使った時系列変数の編集

「時系列変数」は、名前が紛らわしいですが、分析対象となる変数のことです。実際の時間を示している変数は「時間 ID 変数」で指定する変数で、「時系列変数」が分析をする変数です。「時系列変数」は「時間 ID 変数」に指定する変数の間隔ごとに測定されたデータです。

「時系列変数」に指定する変数は、「時間 ID 変数」を使って集約した変数に作り替え

ることができます。「時間ID変数」の間隔を変更することで、月別のデータを四半期や、年ごとにすることができます。またデータを合算するだけでなく、平均などにすることもできます。

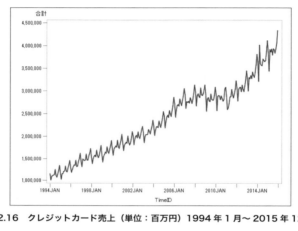

図2.16　クレジットカード売上（単位：百万円）1994年1月～2015年12月

図2.16は、経済産業省の特定サービス産業動態統計調査にあるクレジットカードの月ごとの売上高を折れ線グラフにしたものです。データは以下のようになります。

表2.3　クレジットカードの月ごとの売上高　1994年1月～2015年12月（途中省略）

TimeID	Total	TimeID	Total
1994JAN	1,149,003	2014NOV	3,870,572
1994FEB	1,008,372	2014DEC	4,113,922
1994MAR	1,092,412	2015JAN	3,859,650
1994APR	1,103,940	2015FEB	3,438,639
1994MAY	1,118,594	2015MAR	3,914,440
1994JUN	1,124,563	2015APR	3,860,876
1994JUL	1,243,428	2015MAY	3,925,908
1994AUG	1,108,973	2015JUN	3,792,208
1994SEP	1,072,235	2015JUL	3,932,115
1994OCT	1,143,260	2015AUG	3,914,131
1994NOV	1,223,543	2015SEP	3,834,919
1994DEC	1,342,737	2015OCT	3,923,406
1995JAN	1,162,519	2015NOV	4,040,050
1995FEB	1,026,447	2015DEC	4,336,069
…中略…			

データの変数は「TimeID」が「年月」、「Total」が売上高（単位：百万円）です。

1994年1月から2015年までの毎月のデータですが、さすがにこんなに多くては、データの読み取りがしづらくなります。このデータを年間のデータにしたい場合は、「2.1.1　時間ID変数の作成と加工」と同様に、「時系列データの加工」メニューで行います。「時系列データの加工」メニューは、「タスク」メニューの「時系列分析」にあります。

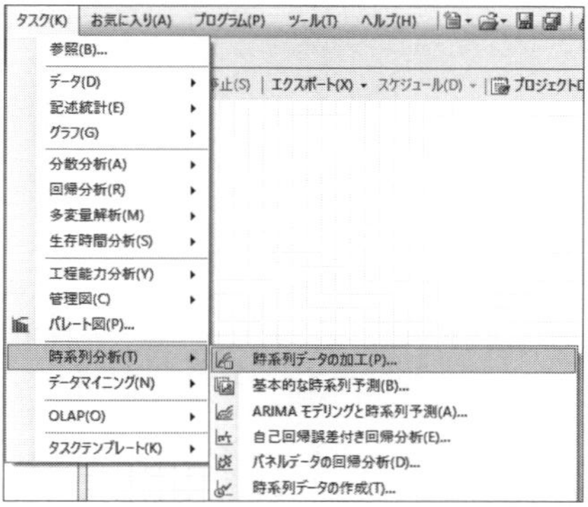

図 2.17　「タスク」メニューの「時系列分析」にある「時系列データの加工」

「タスク」メニューの「時系列分析」にある「時系列データの加工」をクリックすると、「時系列データの加工」ダイアログが表示されます。今回は変数「TimeID」が「時間ID変数」に自動で設定されるように、プロパティの「グループ」が「日付」になっています。「グループ」が「日付」の場合は、データシートの変数名左側のアイコンがカレンダーのような四角いものになります。「グループ」が「数値」だと、風船のような丸い玉に123と書かれたアイコンになります。

	TimeID	Total
1	1994JAN	1,149,003
2	1994FEB	1,008,372
3	1994MAR	1,092,412

図 2.18　今回のデータ　変数名の左側にあるアイコンが「TimeID」と「Total」で異なっている

このデータに「時系列データの加工」ダイアログの「データ」ペインで加工を行います。

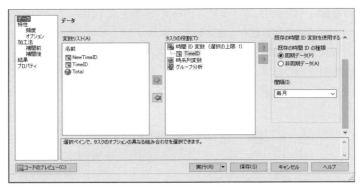

図 2.19 「時系列データの加工」ダイアログの「データ」ペイン 「時間 ID 変数」は自動的に指定

今回は「タスクの役割」の「時間 ID 変数」に「TimeID」が既に選択された状態となります。「時間 ID 変数」が指定されていると、右側に「既存の時間 ID 変数を使用する」が表示され、その下に「既存の時間 ID の種類」という設定項目も表示されます。デフォルトではこれが「周期データ」になります。基本的にはここはデフォルトのままです。その下の「間隔」は、デフォルトが「毎月」で表示されます。「時間 ID 変数」に指定された変数の間隔が毎月でない場合は、ここのプルダウンリストで以下のように指定を変更することが可能です。

図 2.20 「間隔」のプルダウンリスト

デフォルトは毎月ですが、毎年や毎日も指定可能です。ここは自動判別とならないので、毎月以外のデータを指定するときは注意が必要です。今回は月ごとのデータなので、デフォルトのままです。

「時系列データの加工」は新しいデータテーブルを作成するので、分析に必要なデータは「データ」ペインで「タスクの役割」の「時系列変数」に指定します。今回はほかに変数が「Total」しかないので、「Total」を指定します。

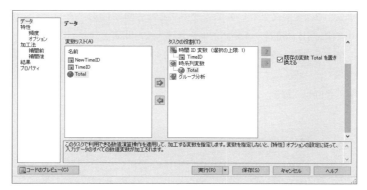

図 2.21 「Total」を「時系列変数」に指定

「タスクの役割」に「時系列変数」を指定すると、右側に「既存の変数○○を置き換える」というチェックボックスが出ます。○○は指定した変数名なので、今回は「既存の変数Totalを置き換える」という表示になります。デフォルトでチェックが入っているので、同じ変数名で新たな内容の変数が作成されます。チェックを外すと、これまでの変数とは別に新しく変数が作成されます。今回はこの後で「時間ID変数」の間隔を変更するので、既存の変数とデータ数が変わってしまうため、ここのチェックを外すとエラーになります。「時間ID変数」の間隔を変更する場合は、このチェックは外さないようにします。

次に「特性 > 頻度」ペインで、「時間ID変数」の編集指定をします。

図 2.22 「特性 > 頻度」ペイン

「入力間隔」は図2.19の「データ」ペインで指定したように、「毎月」になっています。「入

力間隔」はここでは変更できないので、変更するなら図2.19の「データ」ペインで行う必要があります。「出力間隔」はデフォルトでは「入力間隔と同じ」になっています。今回はこれを年ごとのデータに変更したいので、このままにはしません。「出力間隔」を「間隔」に変更すると、「間隔のオプション」が下に追加されます。デフォルトで「毎月」になっているのを、今回は「毎年」に変更して年間のデータとします。

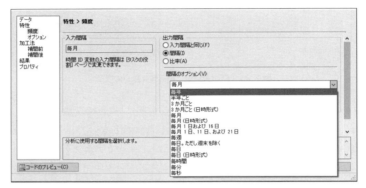

図2.23 「間隔のオプション」を「毎月」から「毎年」に変更

これで「時系列変数」の間隔は設定できました。ただし、このままではデータが年の合計になっていません。データを年ごとの合計値にするには、さらに「特性 > オプション」ペインで設定を行います。

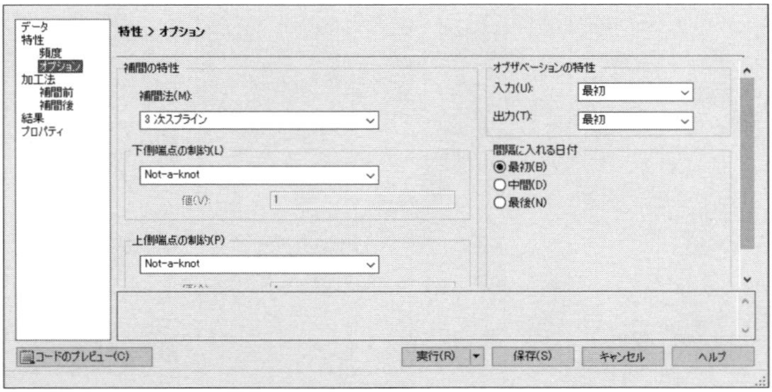

図2.24 「特性 > オプション」ペイン

「特性 > オプション」ペインの右側に、「オブザベーションの特性」があります。デフォ

ルトではここは、「入力」「出力」ともに「最初」となっています。このままだと、新たなデータはすべて各年の最初、つまり各年の1月のデータになってしまいます。それでは困るので、「オブザベーションの特性」の「入力」「出力」を「合計」に変更します。

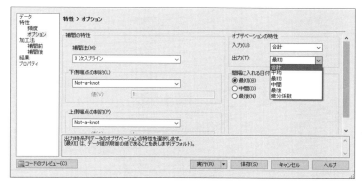

図2.25　「オブザベーションの特性」の「入力」「出力」をどちらも「合計」に

本来はここまでで「実行」をクリックすればよいのですが、「結果」ペインの「時系列プロット」の「入力と出力の時系列プロットを作成する」にチェックを入れると、合わせて折れ線グラフを作成します。

図2.26　「結果」ペイン　「時系列プロット」の「入力と出力の時系列プロットを作成する」にチェック

これで「実行」をクリックすると、年間の合計になったデータと折れ線グラフが出力されます。

	TimeID	Total
1	1994	13,731,061
2	1995	14,732,709
3	1996	16,399,327
4	1997	18,126,489
5	1998	18,989,999
6	1999	19,962,001
7	2000	21,585,801
8	2001	22,556,539
9	2002	24,204,591
10	2003	25,140,697
11	2004	27,063,722
12	2005	29,900,910
13	2006	32,734,558
14	2007	33,821,435
15	2008	35,198,403
16	2009	34,038,102
17	2010	34,410,511
18	2011	34,578,768
19	2012	36,976,597
20	2013	40,322,784
21	2014	44,270,150
22	2015	46,772,411

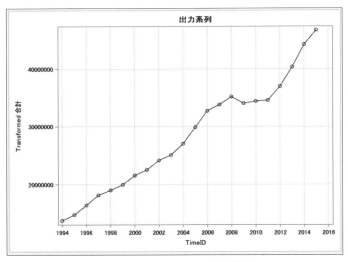

図 2.27　作成された年ごとの合計データ

図 2.28　年ごとの合計データの折れ線グラフ

こうすることで、全体が見やすくなりました。ただし、月ごとのデータではなくなったので、季節変動などは観測できなくなります。季節性の影響を考えないでよいのなら、このように大きな時系列にしてグラフなどで全体を把握するというのも1つの

方法です。

なお、「2.1.1　時間ID変数の作成と加工」のときと同様、今回作成されたデータテーブルは、作業用の一時データです。プロジェクトファイルを閉じた後も再度使用したい場合は、エクスポートして新たなファイルとして保存しておきます。

2.1.3 ● データの補間

　時系列分析には、時系列データが必要です。分析に使用する時系列データは、毎日、毎月など等間隔である必要があります。ところが、何らかの事情で等間隔でデータが得られないことがあります。例えば、著者の勤務する大学は、土日が休みです。したがって図書館も閉館です。図書委員会で図書館を利用する学生の数を調査する場合、土日のデータは取れません。そうすると、5日連続で2日欠損というパターンのデータになります。

	Date	Visitor
1	11MAY2015	133
2	12MAY2015	146
3	13MAY2015	131
4	14MAY2015	133
5	15MAY2015	145
6	18MAY2015	135
7	19MAY2015	136
8	20MAY2015	132
9	21MAY2015	123
10	22MAY2015	133
11	25MAY2015	134
12	26MAY2015	139
13	27MAY2015	129
14	28MAY2015	124
15	29MAY2015	131

図 2.29　図書館の入館学生数

　変数「Date」が日付で、「Visitor」が入館学生数です。2015年5月11日は月曜日で、15日が金曜日でした。土日がお休みなので次のデータは18日の月曜日からとなっています。時系列分析では、このままではうまく分析ができません。なぜなら、時系列データは等間隔のデータということが前提だからです。このデータだと、5日連続2日あきというパターンのデータになってしまいます。このような場合に、補間といって、ない部分のデータをあったことと仮定してデータを調整します。ちょっと姑息な感じというか、そもそも存在しないデータを推測するのは意味があるのかという議論があるのも確かです。ただ、分析の手法上、データが等間隔である必要があるのも確かです。

すっきりしないかもしれませんが、分析に使用する必要上、欠けている部分を推測して補うことになっています。

データの補間も「時系列データの加工」メニューで行います。「時系列データの加工」メニューは、「タスク」メニューの「時系列分析」にあります。

図 2.30　「タスク」メニューの「時系列分析」にある「時系列データの加工」

「タスク」メニューの「時系列分析」にある「時系列データの加工」をクリックすると、「時系列データの加工」ダイアログが表示されます。今回は変数「Date」が「時間ID変数」に自動で設定されます。

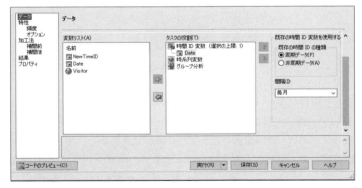

図 2.31　「時系列データの加工」ダイアログの「データ」ペイン 「Date」が
「時間ID変数」に自動的に設定

2.1 EG用の時系列データの準備

今回は「タスクの役割」の「時間ID変数」に「Date」が既に選択された状態となります。ただ、デフォルトでは図2.31のように「間隔」が毎月になっているので、「毎日。ただし週末を除く」に変更します。

図2.32 「間隔」を「毎日。ただし週末を除く」に変更

「時系列データの加工」は新しいデータテーブルを作成するので、今回は補間する「Visitor」を「時系列変数」に指定します。

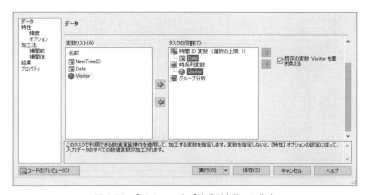

図2.33 「Visitor」を「時系列変数」に指定

今回は他の指定は、デフォルトのままです。次に「特性 > 頻度」ペインで、設定を行います。

図 2.34 「特性 > 頻度」ペイン

「特性 > 頻度」ペインの左側の「入力間隔」は、指定の通り「毎日。ただし週末を除く」になっています。右側の「出力間隔」を変更します。「出力間隔」を「間隔」に変更すると、「間隔のオプション」が下に追加されます。デフォルトで「毎月」になっているのを、今回は「毎日」に変更します。

図 2.35 「間隔のオプション」を「毎月」から「毎日」に変更

これで、土日がないデータが毎日のデータに変わることになります。最後に「特性 > オプション」ペインで補間方法の指定を行います。

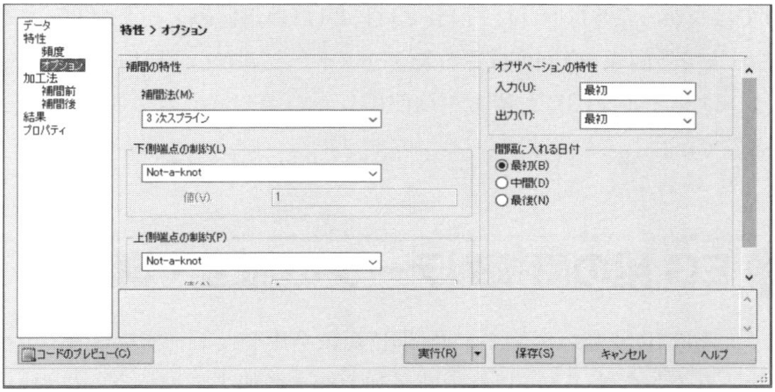

2.1 EG用の時系列データの準備

図 2.36 「特性 > オプション」ペイン

「特性 > オプション」ペインの左側に、「補間の特性」があります。ここの「補間法」で、補間の方法を選択します。EGで指定できる補間方法は、以下のものです。

- **3次スプライン**：曲線全体とその1次微分係数と2次微分係数が連続するように結合した3次多項式関数から構成（デフォルト）
- **1次スプライン**：連続する直線を結び、データに連続した曲線を当てはめる
- **ステップ関数**：非連続で、区分的に一定である曲線を当てはめる

ただ、もともとないデータを推定するという話なので、どの手法がよいとは一概にいえません。迷った場合はデフォルトにしておいてよいと思います。したがって、補間方法を変更しない場合は「特性 > オプション」ペインは指定しなくても構いません。

これで「実行」をクリックすると、補間が実行されます。

	Date	Visitor
1	11MAY2015	133
2	12MAY2015	146
3	13MAY2015	131
4	14MAY2015	133
5	15MAY2015	145
6	16MAY2015	146.42948795
7	17MAY2015	140.07027271
8	18MAY2015	135
9	19MAY2015	136
10	20MAY2015	132
11	21MAY2015	123
12	22MAY2015	133
13	23MAY2015	136.74108627
14	24MAY2015	133.72287936
15	25MAY2015	134
16	26MAY2015	139
17	27MAY2015	129
18	28MAY2015	124
19	29MAY2015	131

図 2.37 図書館の入館学生数（補間後）

図2.29ではなかった5月16日、17日、23日、24日の土日のデータが推定されました。

なお、これまでと同様、今回作成されたデータテーブルは、作業用の一時データです。プロジェクトファイルを閉じた後も再度使用したい場合は、エクスポートして新たなファイルとして保存しておきます。

2.2 EG用の時系列データの加工・編集

ここまで、時間ID変数の設定や、時間ID変数を用いたデータの編集について説明をしました。ここからは、それ以外の時系列データの加工・編集方法について説明します。

2.2.1 ● EGで行う期間の選択

図2.38のグラフは「2.1.2 時間IDを使った時系列変数の編集」でも使った、経済産業省の特定サービス産業動態統計調査にあるクレジットカードの月ごとの売上高を折れ線グラフにしたものです（図2.16と同じです）。

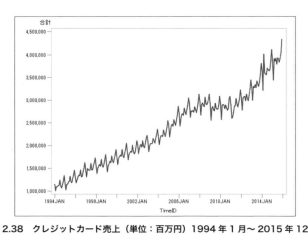

図2.38 クレジットカード売上（単位：百万円）1994年1月～2015年12月

このグラフは、1994年から22年間の毎月のデータのグラフです。観測した値は22×12＝264になります。ここまでデータがあると、グラフも圧縮されていて少し見づらくなります。「2.1.2 時間IDを使った時系列変数の編集」では年間の合計にしました

が、それでは月ごとの変化が見られなくなります。20年前では経済状況も違っていると思われるので、ここは最近のデータに絞って検討をしてみたいところです。

EGでこのように元の時系列データから一定期間のデータだけ取り出したいときは、クエリビルダを使うのが便利です。クエリビルダは、「タスク」メニューの「データ」にあります。

図2.39　「タスク」メニューの「データ」にある「クエリビルダ」

「タスク」メニューの「データ」にある「クエリビルダ」をクリックすると、クエリ作成画面の「データの選択」タブが表示されます。

図2.40　「クエリビルダ」のクエリ作成画面　「データの選択」タブ

クエリビルダも、新しいデータシートを作成します。新しく作成されるデータシートに必要な変数を、この「データの選択」タブで選択します。今回は、「2.1.2　時間IDを使った時系列変数の編集」で使用したのと同じクレジットカード売上のデータを使っています。時間ID変数になるのが「TimeID」で、時系列変数である売上高が「Total」です。今回はどちらの変数も新しいデータシートには必要なので、2つとも選択します。

図 2.41 「データの選択」タブで 2 変数を選択した状態

これで変数が選択できました。あとは使用する期間の設定です。それを行うのは、「フィルタデータ」タブです。

図 2.42 「クエリビルダ」のクエリ作成画面 「フィルタデータ」タブ

この画面で、範囲を選択するフィルタを作成します。フィルタとなる年月の入っている変数「TimeID」を使用します。「TimeID」を右側の「フィルタデータ」タブ部分にドラッグすると、「フィルタの新規作成」ウィザードが起動します。

2.2 EG用の時系列データの加工・編集

図2.43 「フィルタの新規作成」ウィザード 1/2 基本フィルタの作成

　起動するのは「基本フィルタの作成」です。ここの「演算子」のプルダウンリストで設定を変更することで、範囲を選択するフィルタの作成ができます。今回は2011年以降のデータにしようと思うので、演算子をデフォルトの「次の値に等しい」から「次の値以上」に変更します。

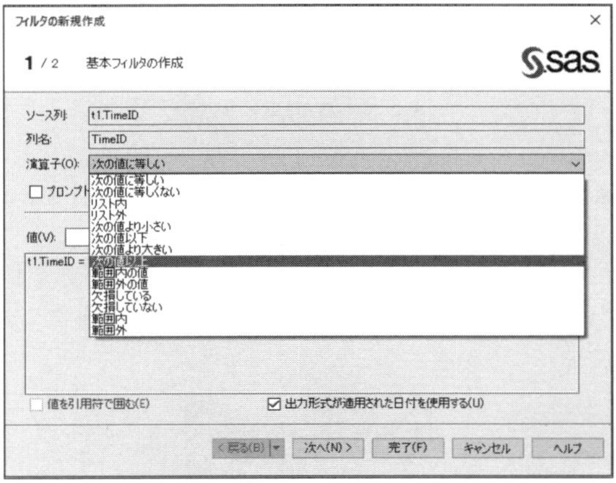

図2.44 演算子を「次の値以上」に変更

　プルダウンリストから演算子を指定すると、以下のようになります。

第 2 章 時系列データの準備、編集と時系列グラフ

図 2.45　演算子を変更した状態

次に、範囲の値を指定します。ウィザード真ん中にある「値」に直接入力もできますが、右にある▼をクリックすると値を指定するダイアログが表示されます。

図 2.46　値の指定の「データ値」タブ　右下に「値の取得」がある

一番左の「データ値」タブでは、変数から値を参照できます。最初は図2.46のように何も表示されていないので、右下にある「値の取得」をクリックします。

図 2.47　値が取得された状態

2.2 EG 用の時系列データの加工・編集

　今回は 2011 年以降のデータにするので、2011 年の 1 月を選びます。今回の「TimeID」は SAS のデータ出力形式で「西暦年英語月」の表示になっています。「データ値」タブの右側の「出力形式が適用された値」では 2011 年 1 月は「2011JAN」となります。この値は左の「値」では 2011/01/01 ということになります。日付データなので、月だけの表示にしても内部データとしては日にちを持っています。日付だけにした場合は、通常月初である 1 日のデータ扱いとなります。そのため「値」はすべて月の初日になっています。

　値をクリックすると、以下のように元のウィザードに戻ります。

図 2.48　値が指定され、クエリ式ができた状態

　「値」に指定した「2011/01/01」が入っています。また、その下の欄内にクエリの式が作成されています。今回の式は「t1.TimeID >= '1Jan2011'd」となっています。t1 はクエリビルダで複数のデータシートを使用するとき用の識別子です。開いた順に t1、t2 となります。今回は 1 つしかシートを開いていないのですが、仕様上 t1 と付きます。そしてピリオドの後に変数名が表示されます。フィルタに使っている変数は「TimeID」で、それははじめに開いたシート t1 にあります。そのため「t1.TimeID」と変数名が表記されます。後ろの '1Jan2011'd は日付で、シングルクオーテーションで囲まれているのは日付書式であるためです。最後の d は日付書式である指定です。

　このクエリ式は、別段理解していなくても問題はありませんが、知っていた方がより理解が進むと思います。

　ここで「次へ」をクリックすると、ウィザードが進みます。

53

図 2.49 「フィルタの新規作成」ウィザード 2/2 プロパティの概要

このプロパティの概要は、クエリ式の確認です。問題がなければ、「完了」をクリックしてウィザードを閉じます。

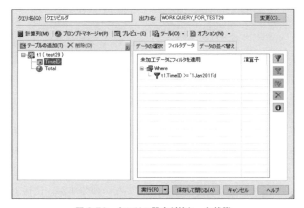

図 2.50 クエリの設定が終わった状態

クエリビルダの「フィルタデータ」タブに、クエリの式が表示されています。これで「実行」をクリックすると、範囲が設定された新しいデータシートが作成されます。

2.2 EG用の時系列データの加工・編集

	TimeID	Total
1	2011JAN	2,887,197
2	2011FEB	2,593,344
3	2011MAR	2,622,489
4	2011APR	2,725,891
5	2011MAY	2,868,358
6	2011JUN	2,877,410
7	2011JUL	3,036,613
8	2011AUG	2,914,513
9	2011SEP	2,848,641
10	2011OCT	2,940,362
11	2011NOV	3,037,103
12	2011DEC	3,226,847
13	2012JAN	3,060,261
14	2012FEB	2,780,148
15	2012MAR	3,041,896
16	2012APR	3,073,216
17	2012MAY	3,085,126
18	2012JUN	2,985,599
19	2012JUL	3,132,358
20	2012AUG	3,036,085

図 2.51　作成されたデータ（先頭より 20 番目まで抜粋）

作成されたデータは、ちゃんと 2011 年 1 月（2011JAN）から開始されていることがわかります。ちなみに、元のデータは以下のようになっています。

	TimeID	Total
1	1994JAN	1,149,003
2	1994FEB	1,008,372
3	1994MAR	1,092,412
4	1994APR	1,103,940
5	1994MAY	1,118,594
6	1994JUN	1,124,563
7	1994JUL	1,243,428
8	1994AUG	1,108,973
9	1994SEP	1,072,235
10	1994OCT	1,143,260
11	1994NOV	1,223,543
12	1994DEC	1,342,737
13	1995JAN	1,162,519
14	1995FEB	1,026,447
15	1995MAR	1,149,066
16	1995APR	1,155,005
17	1995MAY	1,204,318
18	1995JUN	1,211,853
19	1995JUL	1,327,971
20	1995AUG	1,208,209

図 2.52　元のデータ（先頭より 20 番目まで抜粋）

当たり前ですが、1994 年 1 月（1994JAN）から始まっていることがわかります。抽出されたデータで折れ線グラフを作ってみると、より違いがわかります。時系列デー

タのグラフは、基本的に折れ線グラフです。EGの折れ線グラフは、「タスク」メニューの「グラフ」にある「折れ線グラフ」で作成できます。

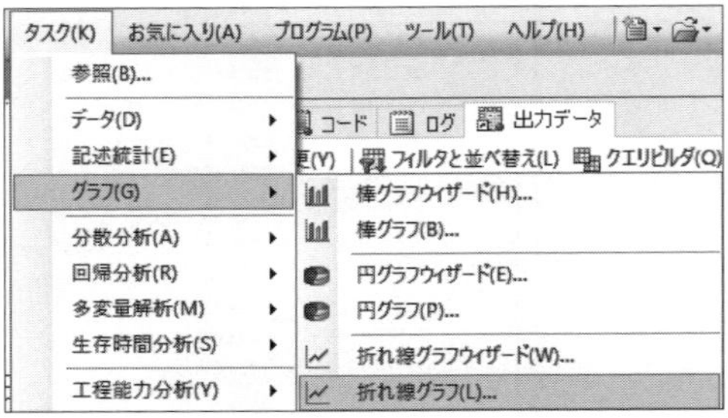

図2.53 「タスク」メニューの「グラフ」にある「折れ線グラフ」

「タスク」メニューの「グラフ」にある「折れ線グラフ」をクリックすると、「折れ線グラフ」ダイアログの「折れ線グラフ」ペインが表示されます。

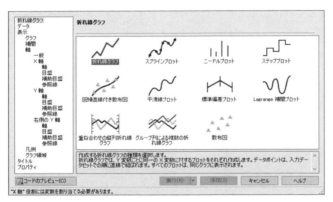

図2.54 「折れ線グラフ」ダイアログの「折れ線グラフ」ペイン

ここでは、折れ線グラフの種類を選択します。今回は普通に折れ線グラフを作成するので、左上の「折れ線グラフ」を選択します。次に「データ」ペインでグラフを作成する変数を指定します。

2.2 EG用の時系列データの加工・編集

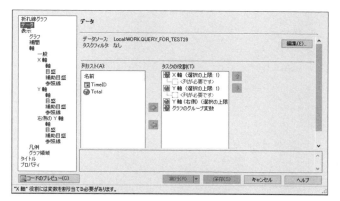

図 2.55 「折れ線グラフ」ダイアログの「データ」ペイン

　時系列データの折れ線グラフは、X軸（横軸）が時間、Y軸（縦軸）が測定値と決まっています。EGでいえば、時間ID変数になる変数がX軸、時系列変数がY軸になります。今回のデータでは変数「TimeID」をX軸、「Total」をY軸に設定します。

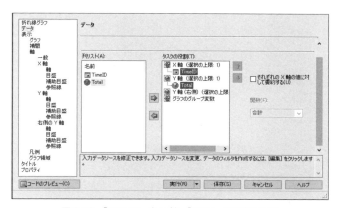

図 2.56 「TimeID」を X 軸、「Total」を Y 軸に設定

　ほかに指定はないので、これで「実行」をクリックします。

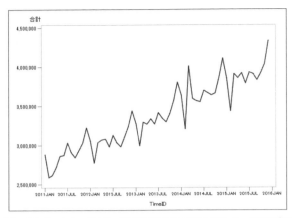

図 2.57 クレジットカード売上(単位:百万円)2011 年 1 月〜 2015 年 12 月

元のデータで作成したグラフは以下です。

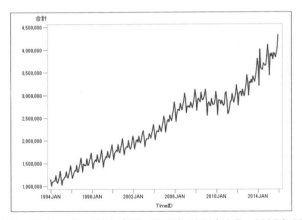

図 2.58 クレジットカード売上(単位:百万円)1994 年 1 月〜 2015 年 12 月

　今回範囲を指定したデータで作成した図2.57のグラフは、元のデータで作成した図2.58のグラフの右側約1/5の部分です。部分が拡大されたことで、グラフの細かい変化が見られます。また、古いデータがなくなったことで、社会的な情勢が異なっているような場合に最近の状況のデータで考察をすることができます。

　なお、これまでと同様、今回作成されたデータテーブルは、作業用の一時データです。プロジェクトファイルを閉じた後も再度使用したい場合は、エクスポートして新たなファイルとして保存しておきます。

2.2.2 ●EG で行うラグの作成

ラグについては、「1.3.1　ラグ」で説明しました。実際にラグを作成するのも、「時系列データの加工」メニューです。ここでは「1.3.1　ラグ」の説明と同じく、経済産業省の特定サービス産業動態統計調査にある「学習塾の生徒数」の2004年1月～2015年12月のデータを使って説明します。

図2.59　経済産業省：特定サービス産業動態統計調査「学習塾」より生徒数（2004年1月～2015年12月）（一部抜粋）

変数は「TimeID」が「時間ID変数」に指定する「年月」、「Number of students」が「時系列変数」に指定する「生徒数」です。「時系列データの加工」メニューは、「タスク」メニューの「時系列分析」にあります。

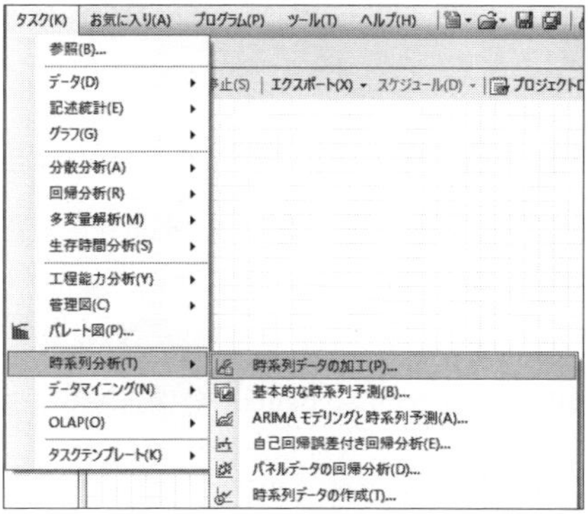

図2.60　「タスク」メニューの「時系列分析」にある「時系列データの加工」

「タスク」メニューの「時系列分析」にある「時系列データの加工」をクリックすると、「時系列データの加工」ダイアログが表示されます。今回は変数「TimeID」が「時間ID

変数」に自動で設定されます。

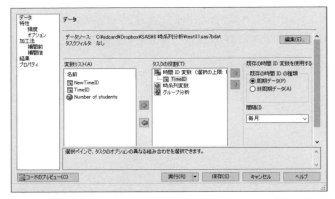

図 2.61　「時系列データの加工」ダイアログの「データ」ペイン　「TimeID」が「時間 ID 変数」に自動的に設定

今回は「TimeID」は毎月のデータなので、他の指定はデフォルトのまま変更しません。次に「時系列変数」を指定します。

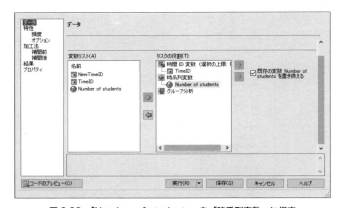

図 2.62　「Number of students」を「時系列変数」に指定

次に、「特性 > オプション」ペインでデータの補間をしない設定にします。EGではデフォルトでデータの補間をすることになっています。ただ、必ず等間隔になっていて補間する必要がないデータの場合は、当たり前ですが補間がされません。特に設定を変更しなくてもよいのですが、出力時に補間前と後の2種類の出力がされることがあ

り、邪魔なので念のため指定を外しておきます。

図 2.63 「特性 > オプション」ペイン 「補間法」を「補間をしない」に設定

実際のラグの指定は、「加工法 > 補間前」ペインで行います。もしデータを補間する場合は「加工法 > 補間後」ペインで行います。

図 2.64 「加工法 > 補間前」ペイン

ここで「補間操作前」の空欄の下にある「追加」をクリックすると、「加工法の追加」ウィンドウに、各種の式が表示されます。これは「加工法 > 補間後」ペインでも「補間操作後」となっているだけで同じです。

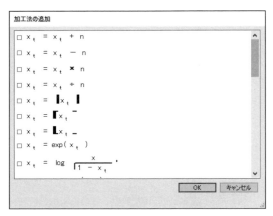

図 2.65 「加工法の追加」ウィンドウ

「加工法の追加」ウィンドウをスクロールすると、真ん中より少し下のあたりで「ラグ」とその式 ($x_t = x_{t-n}$) があります。

図 2.66 「加工法の追加」ウィンドウにある「ラグ」の式

式の前にチェックボックスがあるので、チェックを入れます。

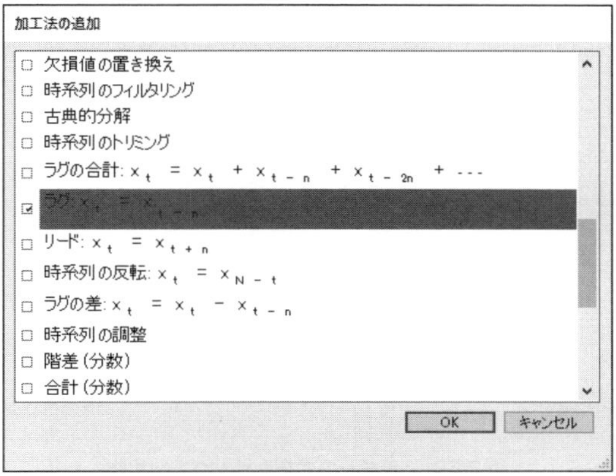

2.2 EG 用の時系列データの加工・編集

図 2.67 「ラグ」の式にチェックを入れた状態

　チェックを入れると、(モノクロの印刷では見にくいかもしれませんが) 青色で反転します。ここで「OK」をクリックすると、「加工法 > 補間前」ペインの「補間操作前」欄にラグの式が表示されます。

図 2.68 「加工法 > 補間前」ペインの「補間操作前」欄にラグの式が表示された状態

　ここで、このラグの式をクリックすると右の「オプション」に表示が出ます。

63

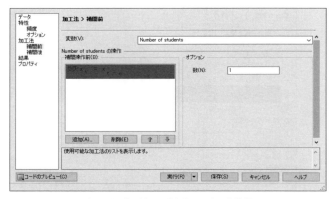

図 2.69　「ラグ」の式をクリックした状態

　オプションには「数」と表示されます。これがラグの式の n にあたります。n はラグの次数です。ここを1にすれば1次のラグ、2にすると2次のラグが計算されます。今回はデフォルトの1のままとしておきます。

　これで「実行」をクリックすると、ラグが計算されます。

	TimeID	Number of students
1	2004JAN	
2	2004FEB	830,862
3	2004MAR	735,442
4	2004APR	701,575
5	2004MAY	711,956
6	2004JUN	736,680
7	2004JUL	741,688
8	2004AUG	783,240
9	2004SEP	819,773
10	2004OCT	831,349
11	2004NOV	837,563
12	2004DEC	841,270
13	2005JAN	874,172
14	2005FEB	865,928
15	2005MAR	779,818

図 2.70　計算されたラグ（一部抜粋）

　元のデータは次ページの図2.71です。

　ラグの方は2004JANのデータが空白になり、その後から1期のラグのデータが表示されていることがわかるかと思います。

	TimeID	Number of students
1	2004JAN	830,862
2	2004FEB	735,442
3	2004MAR	701,575
4	2004APR	711,956
5	2004MAY	736,680
6	2004JUN	741,688
7	2004JUL	783,240
8	2004AUG	819,773
9	2004SEP	831,349
10	2004OCT	837,563
11	2004NOV	841,270
12	2004DEC	874,172
13	2005JAN	865,928
14	2005FEB	779,818
15	2005MAR	733,051

図 2.71　元のデータ（一部抜粋）

なお、これまでと同様、今回作成されたデータテーブルは、作業用の一時データです。プロジェクトファイルを閉じた後も再度使用したい場合は、エクスポートして新たなファイルとして保存しておきます。

2.2.3 ●EGで行う階差の作成

階差については、「1.3.2　階差」で説明しました。実際に階差を作成するのも、「時系列データの加工」メニューです。ここでは「1.3.2　階差」や「2.2.2　EGで行うラグの作成」の説明と同じく、経済産業省の特定サービス産業動態統計調査にある「学習塾の生徒数」の2004年1月～2015年12月のデータを使って説明します。

	TimeID	Number of students
1	2004JAN	830,862
2	2004FEB	735,442
3	2004MAR	701,575
4	2004APR	711,956
5	2004MAY	736,680
6	2004JUN	741,688
7	2004JUL	783,240
8	2004AUG	819,773
9	2004SEP	831,349
10	2004OCT	837,563
11	2004NOV	841,270
12	2004DEC	874,172
13	2005JAN	865,928
14	2005FEB	779,818
15	2005MAR	733,051

図 2.72　経済産業省：特定サービス産業動態統計調査「学習塾」
　　　　より生徒数 （2004年1月～2015年12月）（一部抜粋）

変数は「TimeID」が「時間ID変数」に指定する「年月」、「Number of students」が「時系列変数」に指定する「生徒数」です。「時系列データの加工」メニューは、「タスク」メニューの「時系列分析」にあります。

図 2.73 「タスク」メニューの「時系列分析」にある「時系列データの加工」

「タスク」メニューの「時系列分析」にある「時系列データの加工」をクリックすると、「時系列データの加工」ダイアログが表示されます。今回は変数「TimeID」が「時間ID変数」に自動で設定されます。

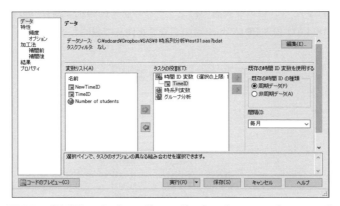

図 2.74 「時系列データの加工」ダイアログの「データ」ペイン 「TimeID」が「時間 ID 変数」に自動的に設定

今回は「TimeID」は毎月のデータなので、他の指定はデフォルトのまま変更しません。

2.2 EG 用の時系列データの加工・編集

次に「時系列変数」を指定します。

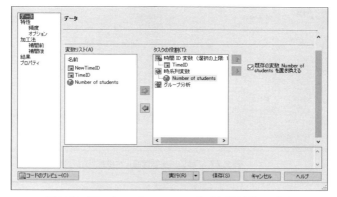

図 2.75 「Number of students」を「時系列変数」に指定

次に、「特性 > オプション」ペインで「補間法」を「補間をしない」に設定し、デフォルトの設定から変更しデータの補間をしないようにしておきます。

図 2.76 「特性 > オプション」ペイン 「補間法」を「補間をしない」に設定

階差の指定は、「加工法 > 補間前」ペインで行います。もしデータを補間する場合は「加工法 > 補間後」ペインで行います。

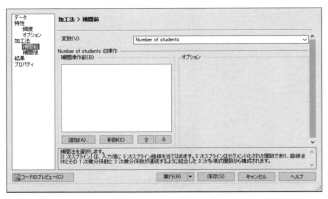

図 2.77 「加工法 > 補間前」ペイン

ここで「補間操作前」の空欄の下にある「追加」をクリックすると、「加工法の追加」ウィンドウに、各種の式が表示されます。これは「加工法 > 補間後」ペインでも「補間操作後」となっているだけで同じです。

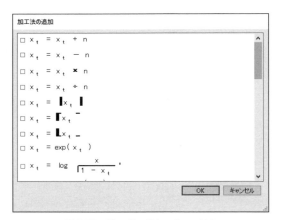

図 2.78 「加工法の追加」ウィンドウ

「加工法の追加」ウィンドウをスクロールすると、真ん中より少し下のあたりで「ラグの差」とその式 ($x_t = x_t - x_{t-n}$) があります。EGの加工法では、この場合の階差は「ラグの差」となります。

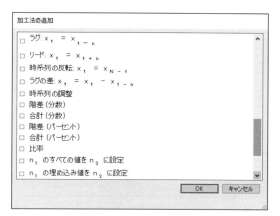

図 2.79 「加工法の追加」ウィンドウにある「ラグの差」の式　画面一番上が「ラグ」でその 3 つ後

式の前にチェックボックスがあるので、チェックを入れます。

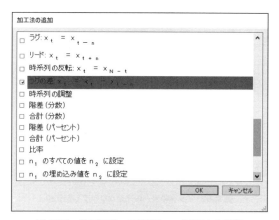

図 2.80 「ラグの差」の式にチェックを入れた状態

チェックを入れると、(モノクロの印刷では見にくいかもしれませんが) 青色で反転します。ここで「OK」をクリックすると、「加工法 > 補間前」ペインの「補間操作前」欄にラグの差の式が表示されます。

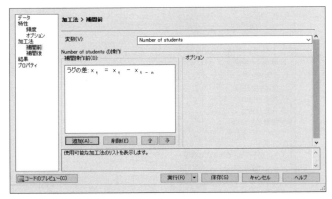

図 2.81 「加工法 > 補間前」ペインの「補間操作前」欄に階差(ラグの差)の式が表示された状態

ここで、この「ラグの差」の式をクリックすると右の「オプション」に表示が出ます。

図 2.82 「ラグの差」の式をクリックした状態

オプションには「数」と表示されます。これがラグの差の式のnにあたります。nはラグの次数です。ここを1にすれば1次のラグの差、2にすると2次のラグの差が計算されます。今回はデフォルトの1のままとしておきます。

これで「実行」をクリックすると、階差が計算されます。

2.2　EG用の時系列データの加工・編集

図 2.83　計算された階差（一部抜粋）

元のデータは以下です。

図 2.84　元のデータ（一部抜粋）

　階差の方は2004JANのデータが空白になり、その後から1期のラグの位置に階差データが表示されていることがわかるかと思います。ちなみに、この場合の書式ではマイナスは（　）で囲まれた値となっています。

　なお、これまでと同様、今回作成されたデータテーブルは、作業用の一時データです。プロジェクトファイルを閉じた後も再度使用したい場合は、エクスポートして新たなファイルとして保存しておきます。

2.2.4　●EGで行う移動平均の作成

　移動平均については、「1.3.3　移動平均」で説明しました。実際に移動平均を作成するのも、「時系列データの加工」メニューです。ここではこれまでの「2.2.2　EGで行うラグの作成」「2.2.3　EGで行う階差の作成」の説明と同じく、経済産業省の特定サービス産業動態統計調査にある「学習塾の生徒数」の2004年1月〜2015年12月のデー

タを使って説明します。

	TimeID	Number of students
1	2004JAN	830,862
2	2004FEB	735,442
3	2004MAR	701,575
4	2004APR	711,956
5	2004MAY	736,680
6	2004JUN	741,688
7	2004JUL	783,240
8	2004AUG	819,773
9	2004SEP	831,349
10	2004OCT	837,563
11	2004NOV	841,270
12	2004DEC	874,172
13	2005JAN	865,928
14	2005FEB	779,818
15	2005MAR	733,051

図2.85　経済産業省：特定サービス産業動態統計調査「学習塾」
より生徒数（2004年1月～2015年12月）（一部抜粋）

　変数は「TimeID」が「時間ID変数」に指定する「年月」、「Number of students」が「時系列変数」に指定する「生徒数」です。「時系列データの加工」メニューは、「タスク」メニューの「時系列分析」にあります。

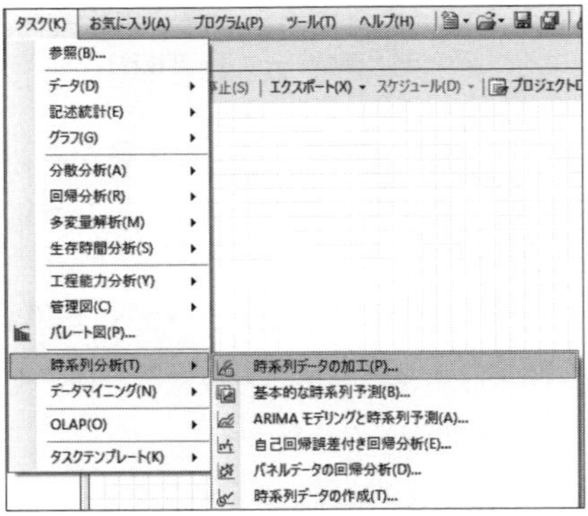

図2.86　「タスク」メニューの「時系列分析」にある「時系列データの加工」

　「タスク」メニューの「時系列分析」にある「時系列データの加工」をクリックすると、「時系列データの加工」ダイアログが表示されます。今回は変数「TimeID」が「時間ID変数」に自動で設定されます。

2.2 EG 用の時系列データの加工・編集

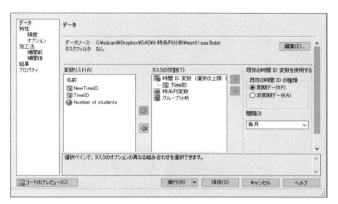

図 2.87 「時系列データの加工」ダイアログの「データ」ペイン 「TimeID」が「時間 ID 変数」に自動的に設定

今回は「TimeID」は毎月のデータなので、他の指定はデフォルトのまま変更しません。次に「時系列変数」を指定します。

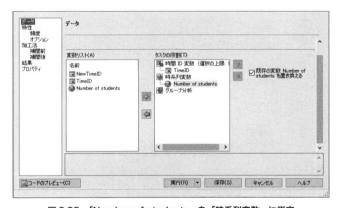

図 2.88 「Number of students」を「時系列変数」に指定

次に、「特性 > オプション」ペインで「補間法」を「補間をしない」に設定し、デフォルトの設定から変更しデータの補間をしないようにしておきます。

図 2.89 「特性 > オプション」ペイン 「補間法」を「補間をしない」に設定

移動平均の指定は、「加工法 > 補間前」ペインで行います。もしデータを補間する場合は「加工法 > 補間後」ペインで行います。

図 2.90 「加工法 > 補間前」ペイン

ここで「補間操作前」の空欄の下にある「追加」をクリックすると、「加工法の追加」ウィンドウに、各種の式が表示されます。これは「加工法 > 補間後」ペインでも「補間操作後」となっているだけで同じです。

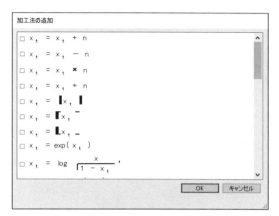

図 2.91 「加工法の追加」ウィンドウ

「加工法の追加」ウィンドウをスクロールすると、真ん中より少し下のあたりで「移動統計量」があります。

図 2.92 「加工法の追加」ウィンドウにある「移動統計量」の式　画面一番上が「移動統計量」

式の前にチェックボックスがあるので、チェックを入れます。

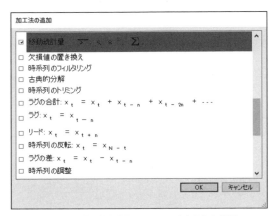

図 2.93 「移動統計量」にチェックを入れた状態

チェックを入れると、(モノクロの印刷では見にくいかもしれませんが) 青色で反転します。ここで「OK」をクリックすると、「加工法 > 補間前」ペインの「補間操作前」欄に「移動統計量」が表示されます。

図 2.94 「加工法 > 補間前」ペインの「補間操作前」欄に「移動統計量」が表示された状態

ここで、この「移動統計量」をクリックすると右の「オプション」に表示が出ます。

2.2 EG用の時系列データの加工・編集

図 2.95 「移動統計量」をクリックした状態

移動平均を計算する場合は、このオプションの指定で、移動平均期間などを指定します。

オプションの一番上は「統計量」です。ここで、算出する移動統計量を指定します。平均以外にも中央値や分散、標準偏差などの指定が行えます。今回は移動平均なので、デフォルトの「平均」のままにしておきます。

次が「ウィンドウのオプション」です。デフォルトは「事前値をすべて使用する累積」となっています。今回は移動平均を求めるので「中心ウィンドウ」を指定します。

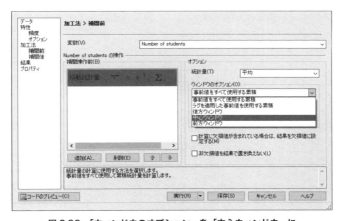

図 2.96 「ウィンドウのオプション」を「中心ウィンドウ」に

第 2 章 時系列データの準備、編集と時系列グラフ

オプションで指定できる「後方ウィンドウ」「中心ウィンドウ」「前方ウィンドウ」は、「1.3.3 移動平均」のコラムで説明した「後方移動平均」（ラグの平均）、「中心移動平均」（ラグとリードの平均）、「前方移動平均」（リードの平均）にそれぞれ該当します。「ウィンドウのオプション」を「中心ウィンドウ」に変更すると、その下にある「数」がアクティブになります。この「数」で移動平均の期間を指定します。「数」はデフォルトで「5」となっています。今回は試しに3項移動平均を求めてみようと思うので、「数」を3に変更します。

図 2.97 「ウィンドウのオプション」の「数」を「3」に

残りのオプションの指定は必要ないので、これで「実行」をクリックすると、移動平均が計算されます。

図 2.98 計算された 3 項移動平均（一部抜粋）

元のデータは以下です。

図 2.99　元のデータ（一部抜粋）

　なお、3項移動平均の最初の2004JANのデータは、2004JANと2004FEBの2項の平均になっています。また、今回は2015年12月（2015DEC）までのデータになっていますが、3項移動平均の最後の2015DECのデータも2015NOVと2015DECの2項の平均になっています。時系列分析の書籍などでは、この始めと終わりの項が足りなくなる部分は空欄になっていることが多いですが、EGでは仕様上、項数が少ない状態での平均が出力されるので注意してください。

　なお、これまでと同様、今回作成されたデータテーブルは、作業用の一時データです。プロジェクトファイルを閉じた後も再度使用したい場合は、エクスポートして新たなファイルとして保存しておきます。

COLUMN
12ヶ月移動平均（中心化移動平均）の作成

　「1.3.3　移動平均」でも、中心化移動平均である12ヶ月移動平均の説明をしました。前述の図2.96で説明した「ウィンドウのオプション」の「中心ウィンドウ」の指定は、「中心移動平均」であって「中心化移動平均」ではありません。つまり、項（期）が偶数である場合に真ん中の期が7.5月のようにうまく表示できない状態です。

　EGの「移動統計量」で中心化移動平均である12ヶ月移動平均を作成する場合は、先ほど説明した手順にもう一手間加える必要があります。具体的には、移動平均の計算を2回行うのです。

図 2.100 「ウィンドウのオプション」を「中心ウィンドウ」に 「数」を「12」に

ここまでは、「数」を「12」にする以外は図 2.96 の 3 項移動平均のときと同じです。これだけだと、単なる 12 項中心移動平均になってしまうので、もう 1 回移動統計量の計算を追加します。

図 2.101 「移動統計量」を追加　追加した方は「ウィンドウのオプション」を「後方ウィンドウ」に 「数」を「2」に

新たに追加した「移動統計量」は「統計量」は「平均」のままで、「ウィンドウのオプション」を「後方ウィンドウ」に、「数」を「2」にします。これで、12ヶ月移動平均（12項中心化移動平均）の結果となります。

2.2 EG用の時系列データの加工・編集

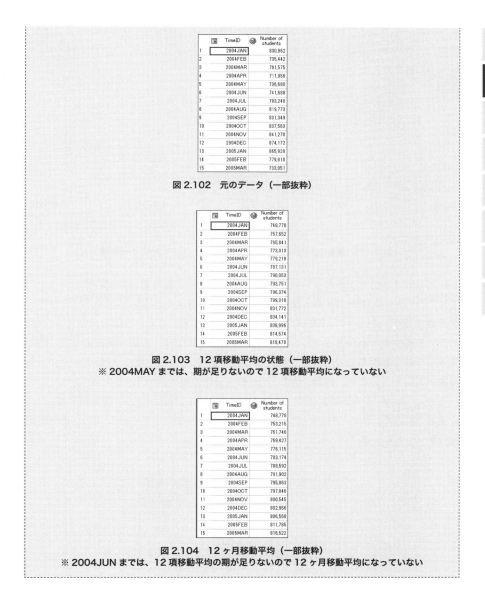

図2.102 元のデータ（一部抜粋）

図2.103 12項移動平均の状態（一部抜粋）
※2004MAYまでは、期が足りないので12項移動平均になっていない

図2.104 12ヶ月移動平均（一部抜粋）
※2004JUNまでは、12項移動平均の期が足りないので12ヶ月移動平均になっていない

2.2.5 ●EGで行う対数変換

「1.3.4 対数変換」でも説明しましたが、データを対数に変換すると桁の大きな数を

少ない桁で表現することができ、かけ算を足し算として表現することができます。また、変化が大きなデータのときは、桁の大きい側の変化を小さくして、桁の小さい方の変化をよく見られるようにします。

	date	count
1	JAN1996	8670000
2	FEB1996	9357000
3	MAR1996	10203000
4	APR1996	10972000
5	MAY1996	11749000
6	JUN1996	12607000
7	JUL1996	13621000
8	AUG1996	14440000
9	SEP1996	15306000
10	OCT1996	16163000
11	NOV1996	16912000
12	DEC1996	18168000
13	JAN1997	18936000
14	FEB1997	19679000
15	MAR1997	20878000

図 2.105　携帯電話契約数（1996 年 1 月～ 2013 年 12 月）（一部抜粋）

図 2.105 は一般社団法人電気通信事業者協会発表の、携帯電話の契約数のデータです。データ最初の 1996 年 1 月の携帯電話の契約数は 867 万台、図にはありませんがデータ最後の 2013 年 12 月は 1 億 3600 万台を超えています。このように大きなデータは、対数に変換するとわかりやすくなります。時系列分析では、金額や契約数など、数が大きくなることがあるので対数変換をよく使います。今回は図 2.105 のデータで対数変換の説明を行います。対数変換も「時系列データの加工」で行います。

変数は「date」が「時間 ID 変数」に指定する「年月」、「count」が「時系列変数」に指定する「契約数」です。「時系列データの加工」メニューは、「タスク」メニューの「時系列分析」にあります。

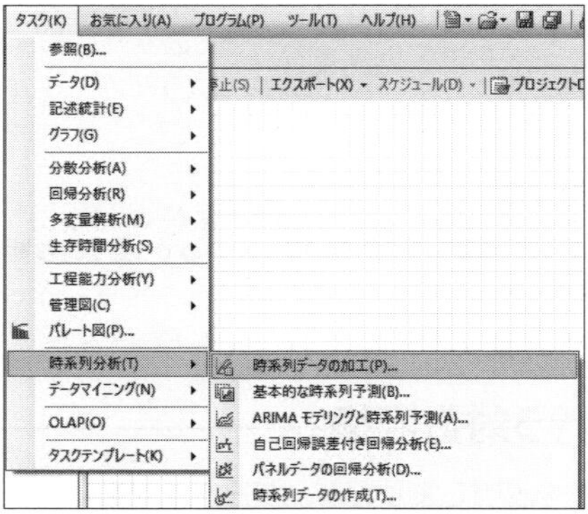

図 2.106　「タスク」メニューの「時系列分析」にある「時系列データの加工」

「タスク」メニューの「時系列分析」にある「時系列データの加工」をクリックすると、「時系列データの加工」ダイアログが表示されます。今回は変数「date」が「時間ID変数」に自動で設定されます。

図2.107 「時系列データの加工」ダイアログの「データ」ペイン 「date」が「時間ID変数」に自動的に設定

今回は「date」は毎月のデータなので、他の指定はデフォルトのまま変更しません。次に「時系列変数」を指定します。

図2.108 「count」を「時系列変数」に指定 「既存の変数countを置き換える」のチェックを外しておく

このとき、「タスクの役割」の右側にある「既存の変数countを置き換える」のチェックを外しておくと、元の変数と、対数変換した変数の双方が出力されます。今回はチェッ

クを外して、両方の変数が出力されるようにします。

次に、「特性 > オプション」ペインで「補間法」を「補間をしない」に設定し、デフォルトの設定から変更しデータの補間をしないようにしておきます。

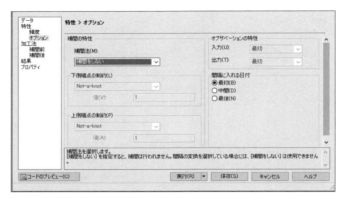

図2.109 「特性 > オプション」ペイン 「補間法」を「補間をしない」に設定

対数変換の指定は、「加工法 > 補間前」ペインで行います。もしデータを補間する場合は「加工法 > 補間後」ペインで行います。

図2.110 「加工法 > 補間前」ペイン

ここで「補間操作前」の空欄の下にある「追加」をクリックすると、「加工法の追加」ウィンドウに、各種の式が表示されます。これは「加工法 > 補間後」ペインでも「補間操作後」となっているだけで同じです。

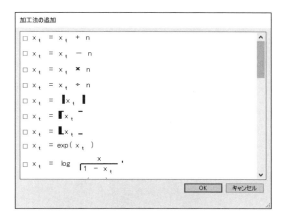

図2.111 「加工法の追加」ウィンドウ

「加工法の追加」ウィンドウをスクロールすると、最初のあたりで対数変換の式である $x_t = \log(x_t)$ があります。

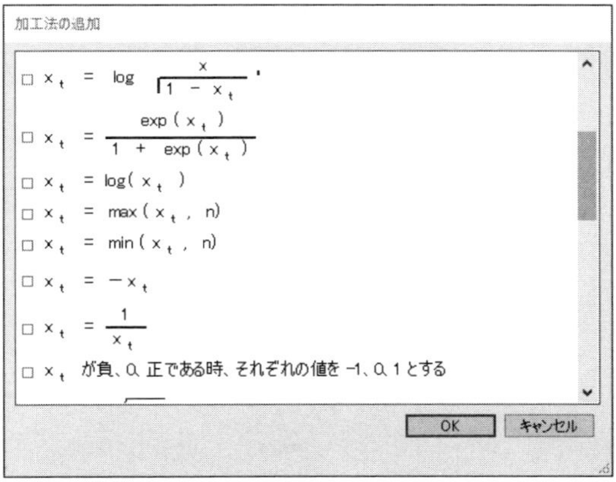

図2.112 「加工法の追加」ウィンドウにある $x_t = \log(x_t)$　画面上では上から3番目

式の前にチェックボックスがあるので、チェックを入れます。

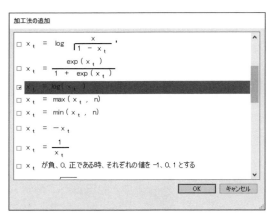

図 2.113　$x_t = \log(x_t)$ にチェックを入れた状態

チェックを入れると、(モノクロの印刷では見にくいかもしれませんが) 青色で反転します。ここで「OK」をクリックすると、「加工法 > 補間前」ペインの「補間操作前」欄に対数変換の式が表示されます。

図 2.114　「加工法 > 補間前」ペインの「補間操作前」欄に対数変換の式が表示された状態

対数変換にはオプションがないので、これで「実行」をクリックすると対数変換が実施されます。今回は元のデータも残すように設定しているので、対数変換後のデータは変数名が「new_count」、元のデータはそのまま変数「count」として出力されます。

2.2 EG用の時系列データの加工・編集

	date	new_count	count
1	JAN1996	15.975379349	8670000
2	FEB1996	16.051635284	9357000
3	MAR1996	16.138192353	10203000
4	APR1996	16.210857131	10972000
5	MAY1996	16.279278689	11749000
6	JUN1996	16.349762773	12607000
7	JUL1996	16.427123277	13621000
8	AUG1996	16.485512691	14440000
9	SEP1996	16.543755466	15306000
10	OCT1996	16.598235237	16163000
11	NOV1996	16.643533987	16912000
12	DEC1996	16.715172363	18168000
13	JAN1997	16.75657543	18936000
14	FEB1997	16.795062635	19679000
15	MAR1997	16.854206531	20878000

図 2.115　対数変換されたデータと元データ（一部抜粋）

なお、これまでと同様、今回作成されたデータテーブルは、作業用の一時データです。プロジェクトファイルを閉じた後も再度使用したい場合は、エクスポートして新たなファイルとして保存しておきます。

2.2.6 ●時系列グラフの作成

時系列分析の基本は、最初にグラフを作ることです。時系列データのグラフは、基本的には時間をX軸、見たいデータをY軸にした折れ線グラフを作成します。ここでは、EGを使った時系列データのグラフ作成について説明します。

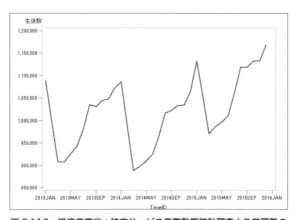

図 2.116　経済産業省：特定サービス産業動態統計調査より学習塾の
　　　　　 月間生徒数　2013年1月〜2015年12月

第2章 時系列データの準備、編集と時系列グラフ

　図2.116は経済産業省の特定サービス産業動態統計調査から得た、2013年1月〜2015年12月の学習塾の月間生徒数のグラフです。データは以下のようになっています。

	TimeID	students
1	2013JAN	1,088,565
2	2013FEB	992,820
3	2013MAR	907,989
4	2013APR	907,304
5	2013MAY	925,111
6	2013JUN	943,229
7	2013JUL	980,155
8	2013AUG	1,035,085
9	2013SEP	1,031,271
10	2013OCT	1,044,251
11	2013NOV	1,048,103
12	2013DEC	1,072,526
13	2014JAN	1,085,905
14	2014FEB	982,153
15	2014MAR	888,450

図2.117　学習塾の月間生徒数データ（一部抜粋）

　このデータでは、「時間ID変数」になる変数は「TimeID」（年月）で、「時系列変数」が「students」（生徒数）です。このデータで、時系列グラフ作成の説明をします。
　EGの時系列グラフは、「タスク」メニューの「グラフ」にある「折れ線グラフ」で作成します。

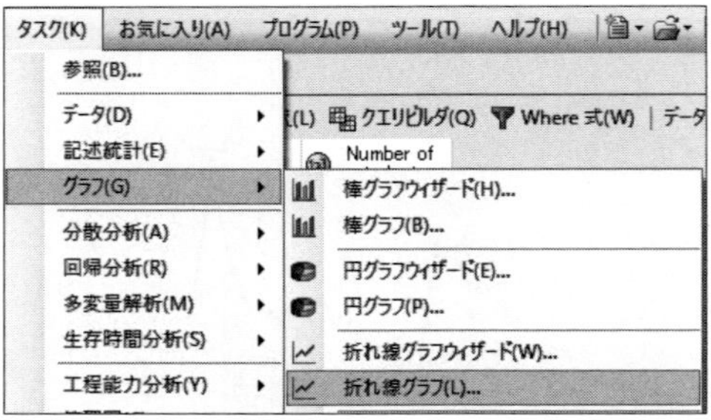

図2.118　「タスク」メニューの「グラフ」にある「折れ線グラフ」

　「タスク」メニューの「グラフ」にある「折れ線グラフ」をクリックすると、「折れ線グラフ」ダイアログが表示されます。まず「折れ線グラフ」ペインで、作成するグラフの種類を選択します。

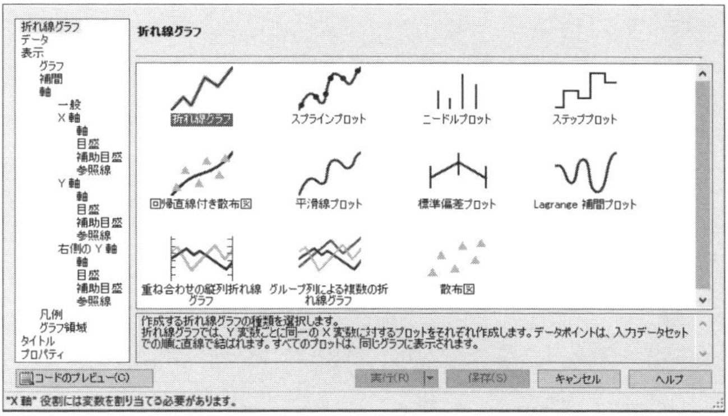

2.2 EG用の時系列データの加工・編集

図2.119 「折れ線グラフ」ダイアログの「折れ線グラフ」ペイン

　一般的な時系列グラフは、図2.119の「折れ線グラフ」ペインの左上にある「折れ線グラフ」なのでこれをクリックします。クリックすると「データ」ペインに移動するので、グラフを作成するデータを指定します。

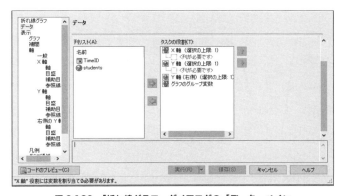

図2.120 「折れ線グラフ」ダイアログの「データ」ペイン

　EGの時系列分析メニューでは、日付書式のデータは自動で「タスクの役割」の「時間ID変数」に指定されていました。ただ、グラフメニューは時系列分析以外のメニューと共通なので、「タスクの役割」に「時間ID変数」や「時系列変数」がありません。
　EGの時系列データでいえば、「時間ID変数」が「タスクの役割」の「X軸」、「時系列変数」が「Y軸」になります。今回は「TimeID」を「タスクの役割」の「X軸」に、同様に「students」を「Y軸」にドラッグします。

89

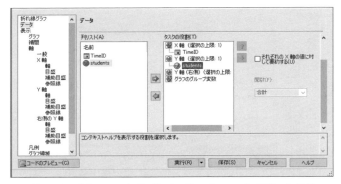

図 2.121　「TimeID」を「X 軸」に、「students」を「Y 軸」に指定

ほかに指定はないので、これで「実行」をクリックします。

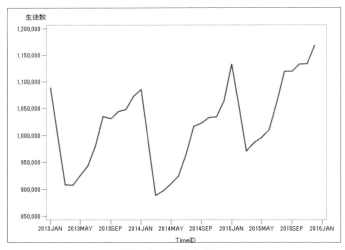

図 2.122　完成したグラフ

図2.122は図2.116と同じグラフです。また「1.2.2　季節変動　S（Seasonal）」の図1.12とも同じです。そこでも説明しましたが、このデータからは学習塾の生徒数は、受験直前の1月がピークで、それが終わればガクッと減り、新学期が始まってからまた急激に増えるというパターンがわかるかと思います。このように、時系列グラフを作成することで、データの傾向を把握することができます。

COLUMN
グラフからわかるデータの異常

図 2.123 のグラフを見てください。

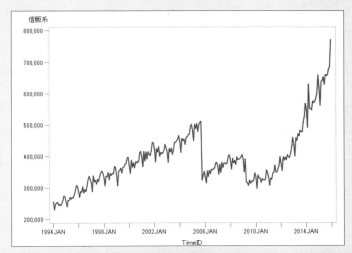

図 2.123 経済産業省：特定サービス産業動態統計調査　クレジットカード（信販系）売上
1994 年 1 月～ 2015 年 12 月

　このグラフですが 2005 年 10 月までは、上下動を繰り返しながら全体的には上昇傾向でした。しかし 2005 年に突然データが落ち込んで、そこからまた上下動をしながら上昇しています。そして 2009 年にまた大きめに落ち込むまでは、それまでのグラフが平行移動したように同じような傾向でまた上昇しています。そして 2009 年 4 月以降は、今度はそれまでとは違う勾配の勢いで上昇しています。

　このように、グラフが変化した後平行移動したように同じような傾向を見せることを、データのシフトと呼ぶことがあります。シフト前後で何か状況が変わったと考えられるので、分析をする場合はこの前後は分けて考えた方がよいでしょう。このグラフでは、最初の 2005 年の落ち込みの後はシフトしているように見えますが、その後の 2009 年以降はちょっと違う傾きになっています。

　ところでこのように急激にデータが落ち込む原因ですが、クレジットカード会社の合併再編があったときに、信販系のクレジット会社が銀行系のクレジットカード会社に吸収されたり再編されたりすることがあります。そのようなことがあると、経済産

業省のクレジットカードの分類も信販系から銀行系に変わってしまうので、信販系カードの統計データが減少するということになります。

このグラフで一番落ち込みが大きい 2005 年 10 月は、当時最大手の信販系クレジットカード会社が銀行資本傘下のクレジットカード会社として再編されたため、このような落ち込みとなったと考えられます。2009 年の 4 月もカード会社が再編され、複数の信販系クレジットカード会社が 1 つの銀行資本傘下のクレジットカード会社になっています。

このように、大きな変化があったデータは予測等に使うとうまくいきません。数字で見ていると気づきにくいのですが、このように時系列グラフにすると、データの異常に気づきやすくなります。

自己相関

3.1 相関係数と偏相関係数

　自己相関は、時系列分析ではよく出てくる名前の1つです。統計値が自己相関係数で、自己相関係数を求めることを自己相関分析と呼んだりします。この自己相関とはどのようなものでしょうか。似た名称に相関係数や相関分析があります。自己が付くと何が違うのでしょうか。

　この章でははじめに、普通の相関係数と偏相関係数の説明をして、その後で自己相関について説明します。

　相関係数は聞いたことがあっても、偏相関はあまり聞いたことがないかもしれません。どちらも、時系列分析で直接使う統計値ではありませんが、この後で説明する自己相関と偏自己相関の元となる考えです。

3.1.1 ● 相関係数とは

　相関係数は、2つの量的な変数について一方の変数が増えたときに、もう一方の変数が増える、または減る、または全く関係がないといった関連性を示す値です。一般的にはPearson（ピアソン）の積率相関係数と呼ばれているもので、以下の式で求められます。

$$r = \frac{S_{xy}}{S_x S_y}$$

　この式の分子（S_{xy}）は、「共分散」というものです。共分散を求めるには、関連性を求めたい各値について平均値の差（各値 − 平均値）を求めます。この各値と平均値の

差のことを「偏差」といいます。偏差は平均より小さければマイナス（負）の値、大きければプラス（正）の値になります。関連を見たい2変数の各観測値で、この偏差を掛け合わせたものを、「偏差積」と呼びます。両方の偏差がプラスなら偏差積はプラスに、両方の偏差がマイナスの場合も偏差積はプラスになります。一方の偏差がプラス、もう一方の偏差がマイナスの場合、偏差積はマイナスになります。偏差がプラスになるのは、値が平均値よりも大きいとき、偏差がマイナスになるのは値が平均値よりも小さいときです。したがって偏差積がプラスになるのは、2変数がともに平均値より大きいか、ともに小さいときです。偏差積がマイナスになるのは、2変数の偏差の符号が異なるときです。つまり一方の変数は平均値より大きく、もう一方の変数は平均値より小さい場合です。この偏差積をすべて合計したものを「偏差積和」といいます。そして偏差積和をデータ数で割ったものが共分散です。

分母（S_xS_y）は、双方の変数の「標準偏差」です。標準偏差は、変数の偏差の2乗したもの（偏差平方）の合計（偏差平方和）をデータ数で割り（分散）、その平方根（ルート）を求めたものです。

つまり、2変数の共分散を2変数の標準偏差の積で割ったものが相関係数ということになります。もし、2変数が全く同じなら偏差積和は偏差平方和と同じことになるので、相関係数は1になります。2変数の平均値が同じで、各ケースについて2変数の平均値からの差がプラスマイナスが逆になっているなら、偏差積和は偏差平方にマイナスの符号を付けたものになるので、相関係数は–1になります。そのため、相関係数は、最小が–1、最大が1となります。0が真ん中です。

相関係数のプラスマイナスを決めているのは、先ほどの偏差積和です。偏差積がプラスのものが多ければ、偏差積和はプラスになります。偏差積にマイナスのものが多ければ、偏差積和はマイナスになります。偏差積にプラスとマイナスのものが入り乱れていると、最終的に足し算の結果である偏差積和は0に近くなります。

相関係数がプラスのときを正の相関、マイナスのときは負の相関といいます。相関係数が0に近い場合は無相関といいます。相関係数は一般的にrと表現され、$-1 \leq r \leq 1$ということになります。相関係数は0に近い場合はほとんど相関がないと考え、1や–1に近づくほど相関が強いと考えます。科学的にどれくらいからが強い相関なのかという根拠はないのですが、だいたい以下のような考えがされています。

1.0 〜 0.8	非常に強い正の相関
0.8 〜 0.6	強い正の相関
0.6 〜 0.4	やや強い正の相関
0.4 〜 0.2	弱い正の相関
0.2 〜− 0.2	無相関
− 0.2 〜− 0.4	弱い負の相関
− 0.4 〜− 0.6	やや強い負の相関
− 0.6 〜− 0.8	強い負の相関
− 0.8 〜− 1.0	非常に強い負の相関

　この分け方は絶対的なものではなく、例えば0.2 〜 0.4をごく弱い正の相関と表現したり、0.6 〜 0.8を強い相関とするものがあるなど、絶対的な基準は存在しません。また、実験データなどを多く扱うところでは0.6以上または–0.6以下でないと相関があるとはならなかったり、社会調査などでは0.250程度で弱い相関とするなど分野によっても考え方がまちまちです。

　なお、相関係数は直線的な関係しか説明できません。一方の変数が増加すればもう一方も増加する、もしくは減少するという単純な関係のみ説明できます。2次関数のような曲線的な関係、途中までは一方が増えるともう一方も増えるが、途中から一方が増えるともう一方は減るというような関係は説明できません。EGだけでなく、統計解析ソフトウェアは変数を指定すればとりあえず相関係数を算出しますが、2変数間に曲線的な関係がないかどうかなどは、散布図を作成するなどして確認した方がよいでしょう。

3.1.2 ● EG で行う相関係数の算出

　今回は、以下のデータを使ってEGで相関係数を求めてみます。

表 3.1　2010 年 1 月〜 2015 年 12 月　クレジットカード売上、テーマパーク売上、ボーリング場売上、百貨店売上（一部抜粋）

TimeID	Credit	ThemePark	Bowling	DepartmentStore
2010JAN	2,919,925	23,787	2,115	570,003
2010FEB	2,565,197	25,529	1,673	436,439
2010MAR	2,886,480	45,885	1,995	543,639
2010APR	2,902,714	31,886	1,600	484,663
2010MAY	2,889,960	40,602	1,750	491,236
2010JUN	2,810,559	31,892	1,538	492,456
2010JUL	2,891,213	33,756	1,569	600,223
2010AUG	2,828,954	56,660	1,623	434,668

第3章 自己相関

TimeID	Credit	ThemePark	Bowling	DepartmentStore
2010SEP	2,776,088	37,524	1,468	446,331
2010OCT	2,814,132	43,630	1,438	512,129
2010NOV	3,043,180	43,085	1,425	555,658
2010DEC	3,082,109	48,367	1,727	724,676
2011JAN	2,887,197	26,098	3,352	554,181
2011FEB	2,593,344	27,820	2,654	433,257
2011MAR	2,622,489	22,968	3,228	462,471

このデータは、2010年1月から2015年12月までの、クレジットカード売上(Credit)、テーマパーク売上(ThemePark)、ボーリング場売上(Bowling)、百貨店売上(DepartmentStore)のデータです。クレジットカード売上、テーマパーク売上、ボーリング場売上の3つは経済産業省の特定サービス産業動態統計調査のものです。百貨店売上は、日本百貨店協会発表のデータです。ただし、日本百貨店協会発表のデータは売上が千円単位なので、著者が百万円単位に変換し、経済産業省のデータと合わせてあります。このデータで相関係数を求めます。相関係数の算出は、「タスク」メニューの「多変量解析」にある「相関分析」で行います。

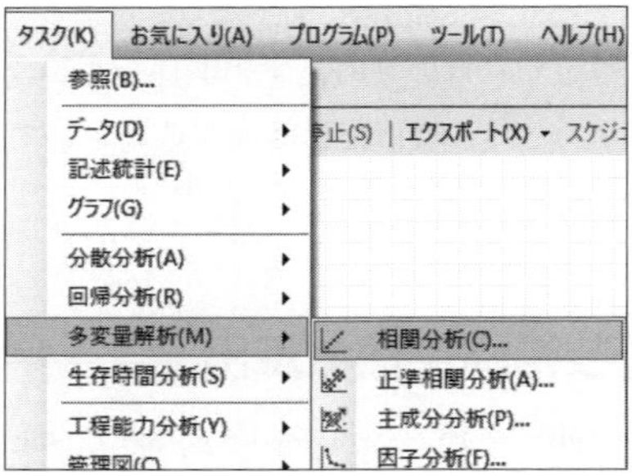

図3.1 「タスク」メニューの「多変量解析」にある「相関分析」

「タスク」メニューの「多変量解析」にある「相関分析」をクリックすると、「相関分析」ダイアログが表示されます。

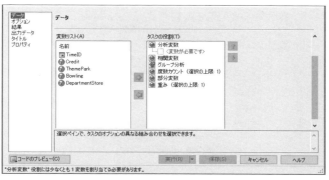

図 3.2 「相関分析」ダイアログの「データ」ペイン

「相関分析」ダイアログの「データ」ペインで、分析したい変数を「タスクの役割」の「分析変数」に選択します。今回はTimeID以外の4変数を「分析変数」に指定します。

図 3.3 「相関分析」の「データ」ペイン　データを指定した状態

ここで「実行」をクリックすると、各変数の基本統計量と各変数間の相関係数が行列状に出力されます。

単純統計量

変数	N	平均	標準偏差	合計	最小値	最大値	ラベル
Credit	72	3296267	433203	237331221	2565197	4336069	クレジットカード売上
ThemePark	72	44803	12680	3225827	16037	73821	テーマパーク売上
Bowling	72	2224	555.99604	160099	1325	3352	ボーリング場売上
DepartmentStore	72	516582	81558	37193885	417213	731836	百貨店売上

Pearson の相関係数, N = 72
H0: Rho=0 に対する Prob > |r|

	Credit	ThemePark	Bowling	DepartmentStore
Credit	1.00000	0.66442	-0.32196	0.31954
クレジットカード売上		<.0001	0.0058	0.0062
ThemePark	0.66442	1.00000	-0.23631	0.13436
テーマパーク売上	<.0001		0.0457	0.2605
Bowling	-0.32196	-0.23631	1.00000	0.06558
ボーリング場売上	0.0058	0.0457		0.5842
DepartmentStore	0.31954	0.13436	0.06558	1.00000
百貨店売上	0.0062	0.2605	0.5842	

図 3.4　相関行列の出力

上の部分の出力は「単純統計量」です。単純統計量は､「タスクの役割」で「分析変数」に指定した全変数についてN（オブザベーションの数)、平均、標準偏差、合計、最小値、最大値が表示されます。

単純統計量の下が相関係数行列です。相関係数は、2変数間の相関変数が行列として出力されます。同じ変数同士の相関係数は1になるので、出力でも1.00000となります。ちょうど対角線上に1.00000があり、その1.00000を対称軸として同じ結果が表示されています。結果としては上半分か下半分だけでも間に合うようになっています。今回は4変数について相関行列を算出していますが、算出される相関係数の組み合わせ数は6個（${}_4C_2 =$（4×3）÷（2×1）＝6）となります。

相関係数の下には、相関係数の検定のp値が表示されています。この場合は「相関係数が0に等しい」という帰無仮説を立てて検定を行っています。p値が0.0001（0.01%）より小さいときは<.0001と表記されています。今回の相関行列から対角線上の重複部分を除いてみると、以下のようになります。

表 3.2　重複部分を除いた相関行列

		ThemePark	Bowling	DepartmentStore
Credit	相関係数	0.66442	− 0.32196	0.31954
クレジットカード売上	検定の有意確率	<.0001	0.0058	0.0062
ThemePark	相関係数		− 0.23631	0.13436
テーマパーク売上	検定の有意確率		0.0457	0.2605
Bowling	相関係数			0.06558
ボーリング場売上	検定の有意確率			0.5842
DepartmentStore	相関係数			
百貨店売上	検定の有意確率			

今回の結果では､「テーマパーク売上（ThemePark)」と「百貨店売上（DepartmentStore)｣､「ボーリング場売上（Bowling)」と「百貨店売上」の各組み合わ

せが、有意確率が0.05よりも大きく、有意水準を0.05とした場合に帰無仮説を棄却できません。どのみち、相関係数の値も、「テーマパーク売上」と「百貨店売上」が0.13436、「ボーリング場売上」と「百貨店売上」が0.06558と、無相関と判定される状態ではあります。

他の相関係数を見てみると、「クレジットカード売上（Credit）」と「テーマパーク売上」が0.66442と強い正の相関、「クレジットカード売上」と「ボーリング場売上」が–0.32196と弱い負の相関、「クレジットカード売上」と「百貨店売上」が0.31954と弱い正の相関、「テーマパーク売上」と「ボーリング場売上」が–0.23631と弱い負の相関となります。整理すると、クレジットカードの売上が多い月はテーマパークや百貨店の売上は多い傾向にあり、ボーリング場の売上は少ない傾向ということになります。百貨店の売上は、テーマパークやボーリング場の売上とは関係がないようです。このように、相関係数行列から各データ間の関係を読み解いて問題の解決を行うことを相関分析と呼びます。

3.1.3 ● 偏相関係数とは

前項で、4つの変数の相関関係について説明しました。その中で、ボーリング場の売上は、テーマパークの売上と負の相関関係がありました。テーマパークの売上が増えるとボーリング場の売上が減る、ということです。

相関関係のある2変数ですが、実際にはあまり相関がないということがあります。例えばA、B、Cの3変数があり、AとB、BとC、AとCのそれぞれの変数間で相関係数上は相関関係があったとします。このとき、AとCは直接の相関関係がなくても、Bを介した相関関係が観測されてしまうことがあります。この、Bの関係を除去した、本来のAとCの相関関係を偏相関といい、その相関係数を偏相関係数と呼びます。

変数AとBの相関をr_{ab}、変数AとCの相関をr_{ac}、変数BとCの相関をr_{bc}とします。このとき、変数AとCについて、変数Bの影響を除いた相関、変数AとCの偏相関は、以下の計算式で求められます。

$$r_{ac \cdot b} = \frac{r_{bc} - (r_{ac} \times r_{ab})}{\sqrt{1 - r_{ac}^2} \times \sqrt{1 - r_{ab}^2}}$$

このようにすることで、他の変数の影響を除去した2変数間の相関である偏相関を求めることができます。今回のデータでは、テーマパークの売上とボーリング場の売上はそれぞれ正負は逆ですがクレジットカードの売上と相関があります。クレジット

カードの影響を抜いた、テーマパークとボーリング場の売上の関連はないのかもしれないということです。

なお、偏相関係数も相関係数と同様に-1から1の範囲で0が真ん中となる値です。値の判断は相関係数と同じです。

3.1.4 ● EGで求める偏相関係数

偏相関係数も、「タスク」メニューの「多変量解析」にある「相関分析」から求めることができます。

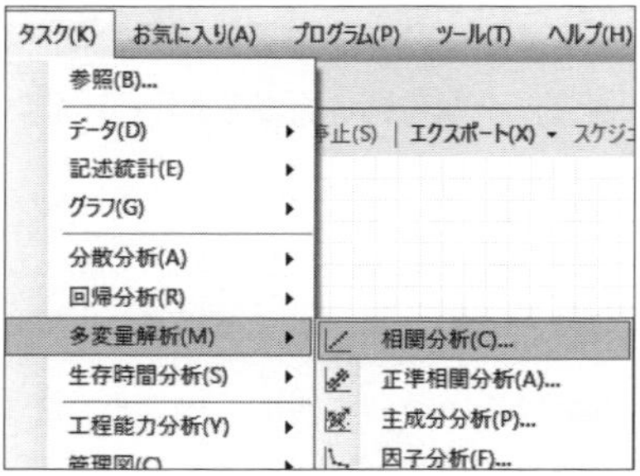

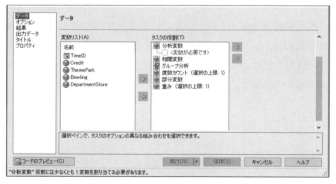

図 3.5 「タスク」メニューの「多変量解析」にある「相関分析」

相関係数のときと同様に「相関分析」ダイアログで、「データ」ペインで分析をするデータを選択します。

図 3.6 「相関分析」ダイアログの「データ」ペイン

偏相関係数を算出する場合は、「データ」ペインで影響を除去したい変数を、「タスクの役割」の「部分変数」に指定し、相関係数を算出したい変数を「分析変数」に選択します。今回は、「Credit」（クレジットカード売上）を「部分変数」に指定して、クレジットカードの売上の影響を排した偏相関係数を算出することとします。残りの変数「ThemePark」（テーマパーク売上）、「Bowling」（ボーリング場売上）、「DepartmentStore」（百貨店売上）の3変数は通常の相関係数と同様に「分析変数」に指定します。

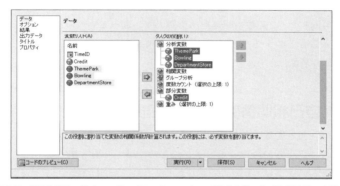

図 3.7 「相関分析」ダイアログの「データ」ペイン 「部分変数」と「分析変数」を指定

ここで「実行」をクリックすると、「部分変数」の影響を差し引いた偏相関係数を算出することができます。

Pearson の偏相関係数, N = 72 H0: Partial Rho=0 に対する Prob > |r|			
	ThemePark	Bowling	DepartmentStore
ThemePark	1.00000	-0.03166	-0.11006
テーマパーク売上		0.7933	0.3609
Bowling	-0.03166	1.00000	0.18778
ボーリング場売上	0.7933		0.1168
DepartmentStore	-0.11006	0.18778	1.00000
百貨店売上	0.3609	0.1168	

図 3.8 偏相関係数行列

通常の相関係数でも、「テーマパーク売上（ThemePark）」と「百貨店売上（DepartmentStore）」、「ボーリング場売上（Bowling）」と「百貨店売上」の各組み合わせは無相関と判断されましたが、偏相関係数では「テーマパーク売上」と「ボーリング場売上」も検定の有意確率が0.7933と帰無仮説を棄却できるような水準ではありません。また、出された偏相関係数も−0.03166とほぼ無相関です。

変数の影響を排することで、相関が強くなるか弱くなるかは、その変数との影響の強さによります。一般に、強い相関関係のある変数の組み合わせがあるときは他の変数との相関関係にも影響が出やすい傾向があるので、そのような場合は偏相関係数を算出して関係の強さを再考した方がよいとされています。

3.2　自己相関係数と偏自己相関係数

相関係数は2変数の関連を説明する統計値ということを、前節で説明しました。自己相関係数も同じで、2変数の関連を示す値です。違っているのは、別々の2変数ではなく、1つの変数とそのラグ（遅れ）との相関を取ることです。2変数が同じものなので、自己相関という名前になります。

3.2.1 ● 自己相関係数と偏自己相関係数とは

自己相関は、ある変数のある時点とそこから前の時点のある変数の相関です。あるデータのある時点より前のデータはラグのことなので、あるデータとあるデータのラグとの相関ともいえます。1次のラグなら1次の自己相関、2次のラグなら2次の自己相関ということになります。ある変数にしてみると、自分の過去の状態との相関を求めることになるので、自己相関という名前となります。自己相関は以下の式で求められます。

$$r = \frac{S(X_t, X_{t-n})}{V(X_t)}$$

ちなみに、「3.1.1　相関係数とは」で説明した相関係数の式は以下のものでした。

$$r = \frac{S_{xy}}{S_x S_y}$$

自己相関の分子部分、$S(X_t, X_{t-n})$は「共分散」です。普通の相関係数の分子部分S_{xy}も共分散でした。違いは普通の相関係数はx、yと別々の変数ですが、自己相関の場合はXという同じ変数であることです。ただし、同じ変数でもラグであるため、基準となる時点tとn次のラグなので$t-n$という添え字が付いています。要するにXのデータで平均値からの差である偏差を求め、それを元の時点とラグの時点で掛けた偏差積を求め、

その合計である偏差積和を求めることになります。

分母側の$V(X_t)$は、分散です。変数Xの分散ということになるのですが、分散の平方根が標準偏差です。普通の相関係数の分母部分S_xS_yは、2変数の標準偏差を掛けたものですが、自己相関は同じ変数なので結局は標準偏差の2乗である分散ということになります。

ということで、若干式の形は違いますが意味は同じです。別の変数で計算すれば相関係数、同じ変数のラグと計算すれば自己相関係数です。そして、自己相関係数から求めたいラグの次数の相関以外の次数の相関との影響を除いたのが、偏自己相関となります。つまり$S(X_t, X_{t-n})$のうち、$X_{t+1} \sim X_{t-n-1}$の影響を除いたものという考え方です。

3.2.2 ●EGで求める自己相関係数と偏自己相関係数

自己相関係数と偏自己相関係数をEGで実際に求めてみたいと思います。データは以下のものを使います。ちょっと長くなりますが、すべて載せます。

表3.3　2011年1月～2015年12月までの出生数

date	birth	date	birth	date	birth
JAN2011	88,492	SEP2012	89,758	MAY2014	83,310
FEB2011	79,755	OCT2012	90,438	JUN2014	81,401
MAR2011	87,512	NOV2012	85,577	JUL2014	89,516
APR2011	85,254	DEC2012	86,107	AUG2014	87,732
MAY2011	86,491	JAN2013	85,853	SEP2014	90,309
JUN2011	87,266	FEB2013	77,066	OCT2014	88,592
JUL2011	91,383	MAR2013	82,997	NOV2014	80,993
AUG2011	93,066	APR2013	81,856	DEC2014	86,043
SEP2011	92,497	MAY2013	85,297	JAN2015	84,740
OCT2011	89,180	JUN2013	82,397	FEB2015	75,989
NOV2011	84,667	JUL2013	91,467	MAR2015	81,942
DEC2011	85,243	AUG2013	92,118	APR2015	83,408
JAN2012	87,680	SEP2013	90,618	MAY2015	83,827
FEB2012	81,469	OCT2013	90,667	JUN2015	83,200
MAR2012	83,749	NOV2013	83,126	JUL2015	88,612
APR2012	81,718	DEC2013	86,354	AUG2015	86,344
MAY2012	85,841	JAN2014	83,572	SEP2015	86,832
JUN2012	83,451	FEB2014	73,897	OCT2015	85,825
JUL2012	90,537	MAR2014	79,340	NOV2015	80,659
AUG2012	90,906	APR2014	78,834	DEC2015	84,299

第3章 自己相関

　この表は、厚生労働省発表の人口動態統計から、2011年1月から2015年12月までの月ごとの出生数を表にしたものです。「date」が時間ID変数になる変数で「年月」、「birth」が時系列変数になる変数で「出生数」です。夏から秋にかけての出生数が多くて、春先が少ないという傾向が読み取れるでしょうか。グラフにするとわかりやすいかもしれません。

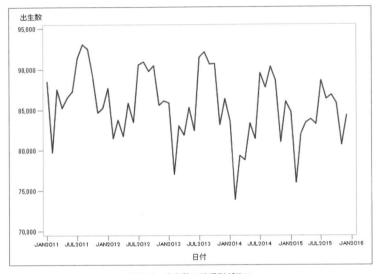

図3.9　出生数の時系列グラフ

　「date」をX軸、「birth」をY軸にした折れ線グラフが、図3.9の時系列グラフです。2月は日数が少ないこともありますが、4月くらいまでは少なめで、7月〜10月ぐらいが多く、11月にいったん減って12月にまた増えるというだいたいのパターンが見えてくるかと思います。このような、周期的な変動がありそうなデータで、今回は自己相関係数と偏自己相関係数を算出してみます。
　EGでは、自己相関係数と偏自己相関係数を同時に求められます。メニューは通常の「多変量解析」の「相関分析」からではなく、「時系列分析」の「自己回帰誤差付き回帰分析」を利用します。

3.2 自己相関係数と偏自己相関係数

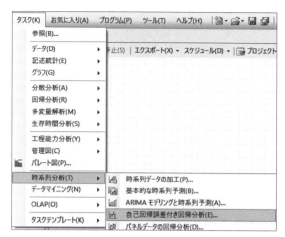

図 3.10 「タスク」メニューの「時系列分析」にある「自己回帰誤差付き回帰分析」

「タスク」メニューの「時系列分析」にある「自己回帰誤差付き回帰分析」をクリックすると、「自己回帰誤差付き回帰分析」ダイアログが表示されます。

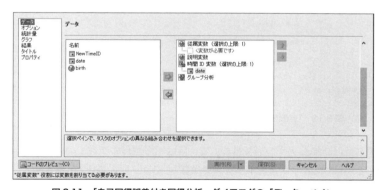

図 3.11 「自己回帰誤差付き回帰分析」ダイアログの「データ」ペイン

「自己回帰誤差付き回帰分析」は、文字通り「自己回帰誤差付き回帰分析」用のダイアログで、自己相関係数や偏自己相関係数の出力は、いってみればおまけです。今回はおまけ部分を主として利用しています。

「自己回帰誤差付き回帰分析」ダイアログの「データ」ペインで、自己相関係数を算出したい変数を「タスクの役割」の「従属変数」に選択します。今回は「birth」を「従属変数」に指定します。なお、「時間ID変数」には「date」が自動で指定されています。

105

図 3.12 「データ」ペイン　データを指定した状態

次に「オプション」ペインで自己回帰係数を算出する次数を指定します。

図 3.13 「自己回帰誤差付き回帰分析」ダイアログの「オプション」ペイン

右側の「自己回帰モデルの当てはめ」で「自己回帰過程の次数」が選択されていることを確認し、下にあるテキストボックスで次数を指定します。デフォルトは「1」になっていますが、今回は12ヶ月分を見たいので「12」とします。

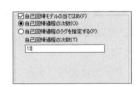

図 3.14 「自己回帰過程の次数」を「12」に

3.2 自己相関係数と偏自己相関係数

ここでは「自己回帰過程の次数」と「自己回帰過程のラグを指定する」の2つから選択するようになっています。前者は指定の次数までのすべての値を算出し、後者は指定した次数の値のみを算出します。今回は指定の次数までの値をすべて出したいので、デフォルトの「自己回帰過程の次数」のままにしておきます。

次に「統計量」ペインで、偏自己相関の出力指定をします。

図 3.15 「自己回帰誤差付き回帰分析」ダイアログの「統計量」ペイン 「偏自己相関」にチェックを入れた状態

デフォルトでは偏自己相関は出力されないので、下の方にある「偏自己相関」にチェックを入れます。ここで「実行」をクリックすると、指定された次数までの自己相関係数と偏自己相関係数が算出されます。

自己相関係数の推定値			
ラグ	共分散	相関	-1 9 8 7 6 5 4 3 2 1 0 1 2 3 4 5 6 7 8 9 1
0	17574759	1.000000	|********************|
1	7959981	0.452921	|********* |
2	5957809	0.338998	|******* |
3	1721983	0.097980	|** |
4	-3495500	-0.198893	|****|
5	-7241783	-0.412056	|********|
6	-8885878	-0.505605	|**********|
7	-7214927	-0.410528	|********|
8	-3877186	-0.220611	|**** |
9	1762970	0.100313	|** |
10	4286982	0.243928	|***** |
11	5847154	0.332702	|******* |
12	12644411	0.719464	|************** |

偏自己相関	
1	0.452921
2	0.168407
3	-0.137219
4	-0.330601
5	-0.324188
6	-0.222953
7	0.012071
8	0.157066
9	0.325992
10	0.081638
11	-0.176469
12	0.530114

図 3.16 自己相関係数と偏自己相関係数の出力

上が自己相関係数、下が偏自己相関の出力です。自己相関係数の出力は、自己回帰過程の次数を12にしたので、ラグが0から12まであります。自己相関係数は、ラグの次数が0の場合は同じものの相関ということで自己相関係数は1になっています。偏自己相関係数のラグは1から始まっていますが、偏自己相関係数はそれまでのラグの影響を排した自己相関係数であり、ラグ1の偏自己相関係数は排するラグがないのでラグ1の自己相関係数と同じ値になります。

自己相関係数の右にあるのは、自己相関係数のプロットです。真ん中が0で、左がマイナス、右がプラスで、小数点以下の値です。つまり、「−1 9 8 7 6 5 4 3 2 1 0 1 2 3 4 5 6 7 8 9 1」となっているのは「−1.0 −0.9 −0.8 −0.7 −0.6 −0.5 −0.4 −0.3 −0.2 −0.1 0 0.1 0.2 0.3 0.4 0.5 0.6 0.7 0.8 0.9 1.0」ということです。その値に沿って、アスタリスクがプロットされています。これを見ると、1期からだんだんと正の自己相関が弱くなっていき、3期で無相関、4期からは負の自己相関になり、6期で負の自己相関が一番強くなります。7期からはだんだん負の自己相関が弱くなり9期で無相関、10期から正の相関になり12期で一番正の相関が強くなっています。6期は半年、12期は1年なので、半年前と負の相関、1年前と正の相関があるということになり、半年単位で増減を繰り返している周期的なデータであることが推測されます。偏自己相関で見てもほぼ同じ傾向がいえると思います。

3.2.3 ● コレログラム

前項の図3.16で、自己相関係数の隣にアスタリスクでプロットがありました。同じものを棒グラフで表現したのが、以下のものになります。

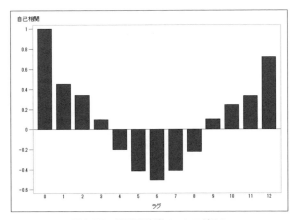

図 3.17　自己相関係数のコレログラム

3.2 自己相関係数と偏自己相関係数

　この、ラグをX軸、自己相関係数をY軸にした棒グラフをコレログラムと呼びます。コレログラムの方が、よりはっきりと自己相関の傾向がわかります。

　EGでは自己相関係数の算出を「自己回帰誤差付き回帰分析」メニューから行っているので、自動でコレログラムが出力されません。ただ、自己相関係数や偏自己相関係数をデータシートにすれば簡単に作成することができます。自己相関係数や偏自己相関係数をデータシートにするには、いったんExcel形式のデータとして出力し、編集してEGに読み込ませます。

　まず、出力でExcel形式にもなるように全体のオプションを指定します。指定は「ツール」メニューの「オプション」から行います。

図3.18　「ツール」メニューの「オプション」

　「オプション」の「結果 > 結果一般」ペインで結果のファイル形式にExcel形式を追加します。

図3.19　「オプション」の「結果 > 結果一般」ペイン　Excelのチェックを追加

　デフォルトは「SASレポート」なので、それに「Excel」を追加します。この状態で前項「3.2.2　EGで求める自己相関係数と偏自己相関係数」の手順で分析を行うと、

Excelファイルでも結果が出力されます。

図3.20　プロセスフローより　SASレポートに加えてExcel形式でも出力されている

　Excelの出力は、出力ウィンドウからExcelを呼び出す形となります。なお、オプションでのExcelファイルの指定は継続されるので、この出力が終わったら「オプション」の「結果 > 結果一般」ペインで「結果のファイル形式」からExcel形式のチェックを外して、元の状態に戻しておいた方がよいでしょう。そうでないと、常にExcel形式の出力が続くことになり、場合によってはエラーが出ることがあります。

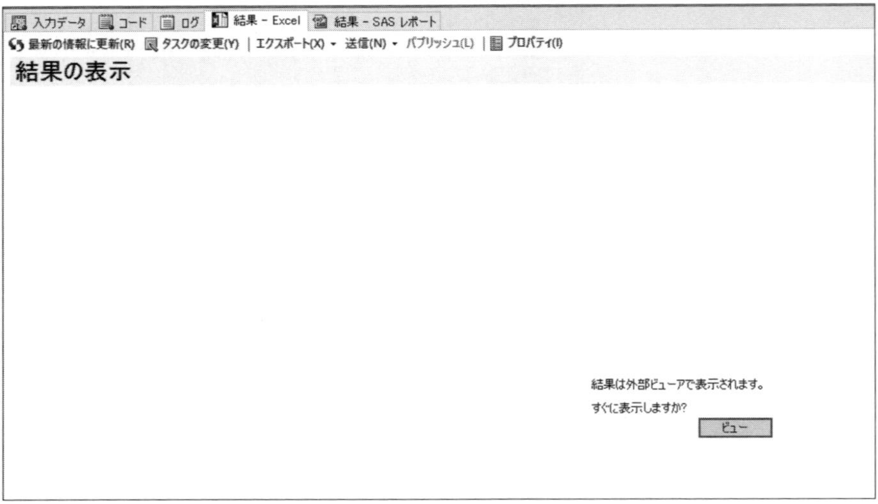

図3.21　出力のExcelの結果　下にある「ビュー」をクリックするとExcelが開く

　図3.21で表示されている「ビュー」をクリックすると、出力のExcelファイルが開きます。ファイルはExcelが起動して、そこから開かれる形式となります。

AUTOREG プロシジャ

自己相関係数の推定値

ラグ	共分散	相関	-1 9 8 7 6 5 4 3 2 1 0 1 2 3 4 5 6 7 8 9 1
0	17574759	1.000000	********************
1	7959981	0.452921	*********
2	5957809	0.338998	*******
3	1721983	0.097980	**
4	−3495500	−0.198893	****
5	−7241783	−0.412056	********
6	−8885878	−0.505605	**********
7	−7214927	−0.410528	********
8	−3877186	−0.220611	****
9	1762970	0.100313	**
10	4286982	0.243928	*****
11	5847154	0.332702	*******
12	12644411	0.719464	**************

Autoreg 4 - パラメータ推定値　Autoreg 5 - 自己相関　Autoreg 6 - 偏自己相関

図 3.22　自己相関係数の Excel 出力

AUTOREG プロシジャ

	偏自己相関
1	0.452921
2	0.168407
3	−0.137219
4	−0.330601
5	−0.324188
6	−0.222953
7	0.012071
8	0.157066
9	0.325992
10	0.081638
11	−0.176469
12	0.530114

Autoreg 4 - パラメータ推定値　Autoreg 5 - 自己相関　Autoreg 6 - 偏自己相関

図 3.23　偏自己相関係数の Excel 出力　自己相関係数の出力と同じファイル内の別シートになっている

図3.22、3.23のように同一ファイル内で別々のシートとして、自己相関係数と偏自己相関係数のExcel形式のデータが作成されています。このままでは使いにくいので、自己相関と偏自己相関のデータをコピーして、新しいファイルに以下のようなシートを作成します。

lag	autocorrelat	partialautocorrelation
0	1.000000	
1	0.452921	0.452921
2	0.338998	0.168407
3	0.097980	−0.137219
4	−0.198893	−0.330601
5	−0.412056	−0.324188
6	−0.505605	−0.222953
7	−0.410528	0.012071
8	−0.220611	0.157066
9	0.100313	0.325992
10	0.243928	0.081638
11	0.332702	−0.176469
12	0.719464	0.530114

図 3.24　ラグと自己相関係数と偏自己相関係数の Excel データ

このように、ラグと自己相関係数と偏自己相関係数のExcelデータにして新規のファイルとして保存します。その際、先頭行が変数名となりますが、SAS規則に従って変数名をスペースなしの半角英数字にしておくとトラブルが起きずに済みます。今回は、すべて英語表記にすることにするので、ラグは「lag」、自己相関係数は「autocorrelation」、偏自己相関係数は「partialautocorrelation」にしました。保存するファイル名は何でもよいです。

　保存したら「ファイル」メニューの「開く」にある「データ」から、保存したExcelファイルを開きます。

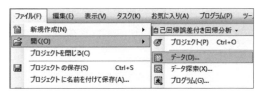

図3.25　「ファイル」メニューの「開く」にある「データ」

　EGではExcelファイルを開く指定をすると、自動で以下のようなインポートウィザードが開始されます。

図3.26　データのインポートウィザード　1/4　データの指定

　最初の画面は特に指定がないので「次へ」をクリックして進みます。

3.2 自己相関係数と偏自己相関係数

図 3.27　データのインポートウィザード　2/4　データソースの選択

次の「2/4　データソースの選択」では、読み込みたいデータのあるシートを選択します。選択したら「次へ」をクリックして進みます。

図 3.28　データのインポートウィザード　3/4　フィールド属性の定義

ここは読み込むデータの指定です。ここで「ラベル」を日本語にしておくと、出力時に使用されて便利です。

113

図 3.29　変数のラベルを編集した状態

　変数のラベルは、デフォルトでは変数名と同じになっています。ラベルは日本語（2バイト文字）でも問題がないので、日本語での出力が欲しい場合は、ラベルで指定します。

　あとは指定する必要がないので、「実行」をクリックします。

	lag	autocorrelation	partialautocorrelation
1	0	1	
2	1	0.452921	0.452921
3	2	0.338998	0.168407
4	3	0.09798	-0.137219
5	4	-0.198893	-0.330601
6	5	-0.412056	-0.324188
7	6	-0.505605	-0.222953
8	7	-0.410528	0.012071
9	8	-0.220611	0.157066
10	9	0.100313	0.325992
11	10	0.243928	0.081638
12	11	0.332702	-0.176469
13	12	0.719464	0.530114

図 3.30　出力された自己相関係数と偏自己相関係数のデータ

　なお、このデータは一時データ扱いなので、後から続けて使いたい場合はエクスポートしてデータとして保存をしておきます。

　図3.30のデータで、コレログラムを作成します。作成は「タスク」メニューの「グラフ」にある「棒グラフ」から行います。

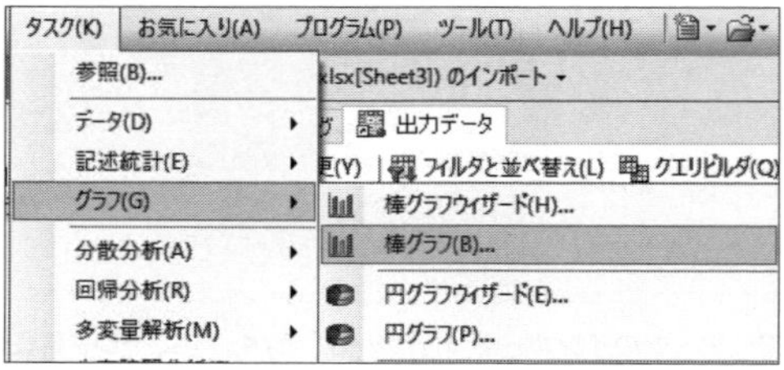

図 3.31　「タスク」メニューの「グラフ」にある「棒グラフ」

3.2 自己相関係数と偏自己相関係数

「タスク」メニューの「グラフ」にある「棒グラフ」をクリックすると、「棒グラフ」ダイアログが表示されます。まず「棒グラフ」ペインで、作成するグラフの種類を選択します。

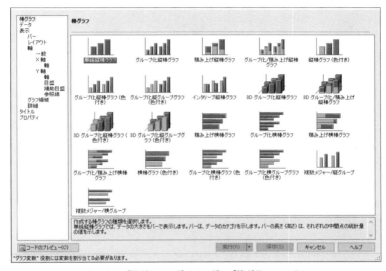

図 3.32　「棒グラフ」ダイアログの「棒グラフ」ペイン

コレログラムは、図3.32の「棒グラフ」ペインの左上にある「単純縦棒グラフ」なのでこれをクリックします。クリックすると「データ」ペインに移動するので、グラフを作成するデータを指定します。

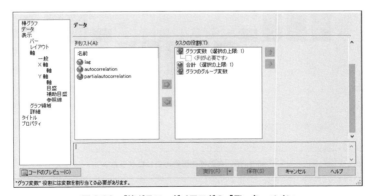

図 3.33　「棒グラフ」ダイアログの「データ」ペイン

今回は自己相関係数のコレログラムを作成するので、「lag」を「タスクの役割」の「グラフ変数」に、「autocorrelation」を「合計」にドラッグします。

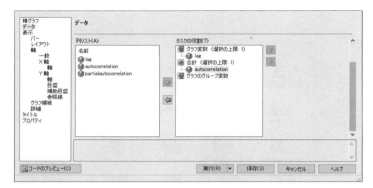

図 3.34 「lag」を「グラフ変数」に、「autocorrelation」を「合計」に指定

ほかに指定はないので、これで「実行」をクリックします。以下のような、自己相関係数のコレログラムが作成されます。

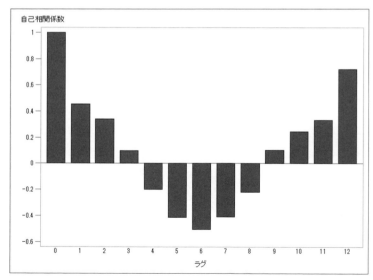

図 3.35 自己相関係数のコレログラム

同様に、図3.34の画面で「partialautocorrelation」を「合計」に指定すると、偏自己相関係数のコレログラムが作成できます。

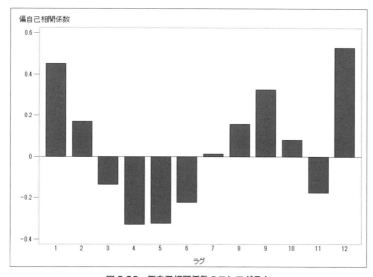

図 3.36　偏自己相関係数のコレログラム

コレログラムは、自己相関係数や偏自己相関係数をグラフ化しただけですが、グラフの方がデータの把握がしやすいと思います。特に周期性がある場合は、特定の期で相関係数が高くなることになるので、季節変動等の把握に役に立ちます。今回のデータでも偏自己相関で見ても12期で強い相関があることがわかっているので、やはり年周期のデータであることが推察できます。

第4章 季節性の分解

4.1 季節性の分解とは

　時系列分析においては、周期性を伴う変動である季節変動を理解することは非常に重要です。ここでは、時系列データの構成について再度確認し、EGで行う季節性の分解について説明します。

　これまでも説明しましたが、時系列データは複数の要素（変動）から構成されると考えられます。その中で季節変動をどのように理解するかが、時系列分析では重要な考えとなります。ここでは、この後の季節性の分解を行うために、データの傾向や構成などを再度説明しておきたいと思います。

4.1.1 時系列データの傾向の確認

　ここで説明に使用するデータは、次ページの表4.1のデータです。

　このデータは、経済産業省特定サービス産業動態統計調査の「クレジットカード売上」データです。経済産業省特定サービス産業動態統計調査の「クレジットカード売上」データは、全体データのほかに、銀行系や信販系などクレジットカード会社の種類ごとの売上統計もありますが、今回は全体の統計を使用しています。期間は2011年1月～2015年12月です。時間ID変数となる変数は「TimeID」で「年月」です。「時系列変数」となるのは「Total」で「全体の売上」です。「Total」の単位は百万円です。

　また、データ表だけだとわかりにくいので、グラフにしたのが図4.1です。時系列グラフは「2.2.6　時系列グラフの作成」で説明しましたが、「タスク」メニューの「グラフ」にある「折れ線グラフ」から作成します。

第4章 季節性の分解

表 4.1　2011 年 1 月〜 2015 年 12 月までのクレジットカード売上高

TimeID	Total	TimeID	Total	TimeID	Total
2011JAN	2,887,197	2012SEP	2,985,865	2014MAY	3,570,569
2011FEB	2,593,344	2012OCT	3,109,991	2014JUN	3,557,735
2011MAR	2,622,489	2012NOV	3,242,887	2014JUL	3,703,464
2011APR	2,725,891	2012DEC	3,443,165	2014AUG	3,673,243
2011MAY	2,868,358	2013JAN	3,279,670	2014SEP	3,645,027
2011JUN	2,877,410	2013FEB	2,999,202	2014OCT	3,667,631
2011JUL	3,036,613	2013MAR	3,297,500	2014NOV	3,870,572
2011AUG	2,914,513	2013APR	3,273,029	2014DEC	4,113,922
2011SEP	2,848,641	2013MAY	3,340,118	2015JAN	3,859,650
2011OCT	2,940,362	2013JUN	3,273,507	2015FEB	3,438,639
2011NOV	3,037,103	2013JUL	3,419,794	2015MAR	3,914,440
2011DEC	3,226,847	2013AUG	3,347,856	2015APR	3,860,876
2012JAN	3,060,261	2013SEP	3,301,234	2015MAY	3,925,908
2012FEB	2,780,148	2013OCT	3,408,911	2015JUN	3,792,208
2012MAR	3,041,896	2013NOV	3,573,446	2015JUL	3,932,115
2012APR	3,073,216	2013DEC	3,808,517	2015AUG	3,914,131
2012MAY	3,085,126	2014JAN	3,643,604	2015SEP	3,834,919
2012JUN	2,985,599	2014FEB	3,211,771	2015OCT	3,923,406
2012JUL	3,132,358	2014MAR	4,013,602	2015NOV	4,040,050
2012AUG	3,036,085	2014APR	3,599,010	2015DEC	4,336,069

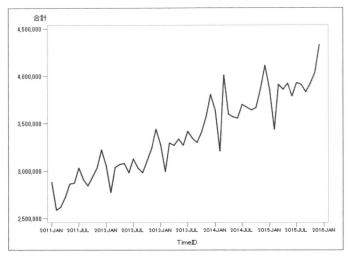

図 4.1　表 4.1 データの時系列グラフ

4.1 季節性の分解とは

図4.1のグラフを見ると、上下動を繰り返しながらも、全体的には右肩上がりな感じのグラフです。2011年1月が2,887,197,000,000（約2兆9千億）円、2015年12月が4,336,069,000,000（約4兆3千億）円なので、増加傾向であるといえるでしょう。

上下動は、2月が少なく12月が多いというような周期的な変動がありそうですが、それだけではなさそうです。周期的な変動がどうなっているのか、周期的な変動以外はどうなっているのか、そこを考えるのが時系列分析の大切なところです。

4.1.2 ● 時系列データの構成の確認

「1.2　時系列データの構成」でも説明しましたが、時系列データは以下の変動から構成されていると考えます。

- トレンド・サイクル　TC
  （傾向変動　T（Trend）と循環変動　C（Cycle）を合わせたもの）

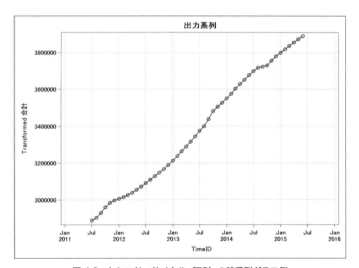

図4.2　トレンド・サイクル（TC）の時系列グラフ例

第 4 章　季節性の分解

■ **季節変動　S (Seasonal)**

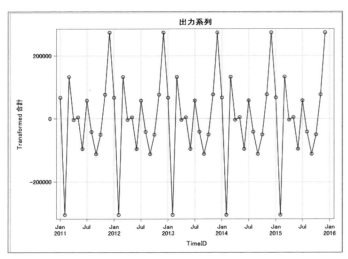

図 4.3　季節変動（S）の時系列グラフ例

■ **不規則変動　I (Irregular)**

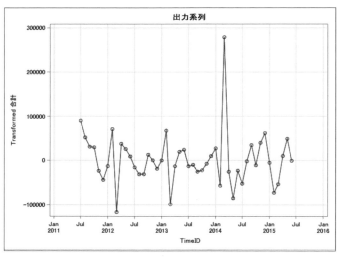

図 4.4　不規則変動（I）の時系列グラフ例

図4.1のグラフは、この図4.2から4.4を合成したものと考えます。時系列データをこの3つに分解すれば、季節性と関係ないデータの上昇・下降の傾向と季節の変動を把握することができます。つまり季節に関係ない増減の傾向と、季節による変化を把握することができます。このように時系列データを変動に分けて考えることを「季節性の分解」といいます。「季節性の分解」という名前ですが、季節性だけを取り出すのではなく、データをメインの変動であるトレンド・サイクルと季節変動、さらに誤差である不規則変動にデータを分割します。そうすることで、季節に影響されない傾向を把握するとともに、季節の傾向も把握できるようにします。

　「1.2.4　原系列と加法モデル・乗法モデル」でも説明しましたが、これら各成分から構成されている時系列データの元々のデータを原系列と呼びます。図4.1のグラフは原系列のグラフということになります。原系列は分解した各変動から構成されていると考えますが、変動を加算して原系列とする加法モデルと、変動を掛け合わせて原系列とする乗法モデルという2つの考え方があります。

　加法モデル　　原系列 $= TC + S + I$
　乗法モデル　　原系列 $= TC \times S \times I$

　ここで示した図4.2から図4.4までは加法モデルの場合のグラフです。EGでは加法モデル、乗法モデルとも算出することができます。どちらが正しいということはありませんが、構造が単純な加法モデル、説明のしやすい乗法モデルとされることが多いようです。次の節から、それぞれを説明していきます。

4.2　EGで行う季節性の分解

　時系列データの季節性の分解を行うのも、EGでは「時系列データの加工」メニューです。以降、加法モデルと乗法モデルの別に説明していきます。

4.2.1 ● EGで行う季節性の分解　加法モデル

　今回の説明で使用するのは、表4.1のデータです。EGのデータシートでは以下のようになります。

	TimeID	Total
1	2011JAN	2,887,197
2	2011FEB	2,593,344
3	2011MAR	2,622,489
4	2011APR	2,725,891
5	2011MAY	2,868,358
6	2011JUN	2,877,410
7	2011JUL	3,036,613
8	2011AUG	2,914,513
9	2011SEP	2,848,641
10	2011OCT	2,940,362
11	2011NOV	3,037,103
12	2011DEC	3,226,847
13	2012JAN	3,060,261
14	2012FEB	2,780,148
15	2012MAR	3,041,896

図4.5 使用するデータ（一部抜粋）

時間ID変数となる変数は「TimeID」で「年月」です。「時系列変数」となるのは「Total」で「全体の売上」で、単位は百万円です。「時系列データの加工」メニューは、「タスク」メニューの「時系列分析」にあります。

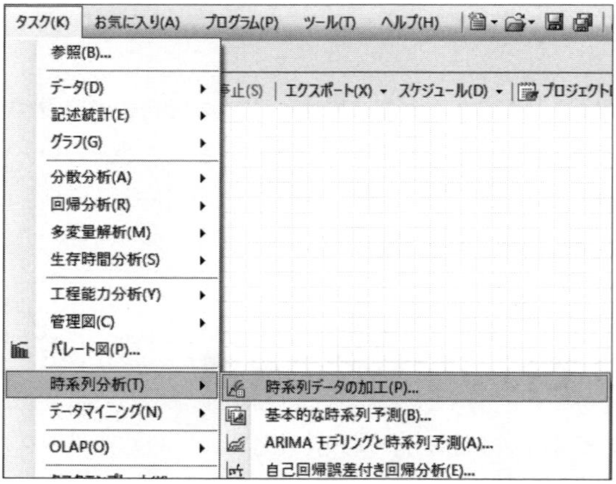

図4.6 「タスク」メニューの「時系列分析」にある「時系列データの加工」

「タスク」メニューの「時系列分析」にある「時系列データの加工」をクリックすると、「時系列データの加工」ダイアログが表示されます。今回は変数「TimeID」が「時間ID変数」に自動で設定されます。

4.2 EGで行う季節性の分解

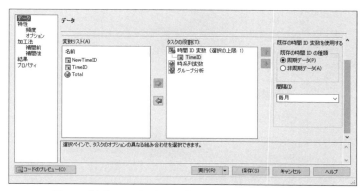

図4.7 「時系列データの加工」ダイアログの「データ」ペイン
「TimeID」が「時間ID変数」に自動的に設定

今回は「TimeID」は毎月のデータなので、他の指定はデフォルトのまま変更しません。次に「時系列変数」を指定します。

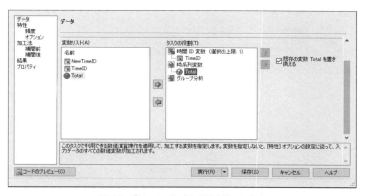

図4.8 「Total」を「時系列変数」に指定

次に、「特性 > オプション」ペインで「補間法」を「補間をしない」に設定し、デフォルトの設定から変更しデータの補間をしないようにしておきます。

図 4.9 「特性 > オプション」ペイン 「補間法」を「補間をしない」に設定

　季節性の分解は、「加工法 > 補間前」ペインで行います。もしデータを補間する場合は「加工法 > 補間後」ペインで行います。

図 4.10 「加工法 > 補間前」ペイン

　ここで「補間操作前」の空欄の下にある「追加」をクリックすると、「加工法の追加」ウィンドウに、各種の式が表示されます。これは「加工法 > 補間後」ペインでも「補間操作後」となっているだけで同じです。

4.2 EG で行う季節性の分解

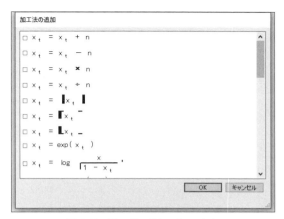

図 4.11 「加工法の追加」ウィンドウ

「加工法の追加」ウィンドウをスクロールすると、真ん中より少し下のあたり、「2.2.4 EG で行う移動平均の作成」で説明した「移動統計量」の3つ後に「古典的分解」があります。

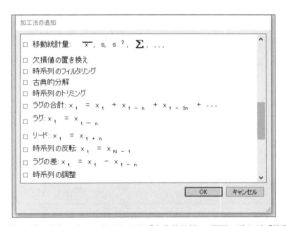

図 4.12 「加工法の追加」ウィンドウにある「古典的分解」 画面一番上が「移動統計量」

式の前にチェックボックスがあるので、チェックを入れます。

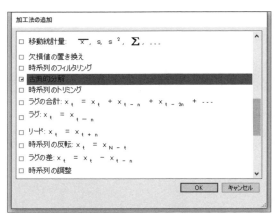

図 4.13 「古典的分解」にチェックを入れた状態

チェックを入れると、(モノクロの印刷では見にくいかもしれませんが) 青色で反転します。ここで「OK」をクリックすると、「加工法 > 補間前」ペインの「補間操作前」欄に「古典的分解」が表示されます。

図 4.14 「加工法 > 補間前」ペインの「補間操作前」欄に「古典的分解」が表示された状態

ここで、この「古典的分解」をクリックすると右の「オプション」に表示が出ます。季節性の分解を行う場合は、このオプションの指定で、算出する内容を指定します。

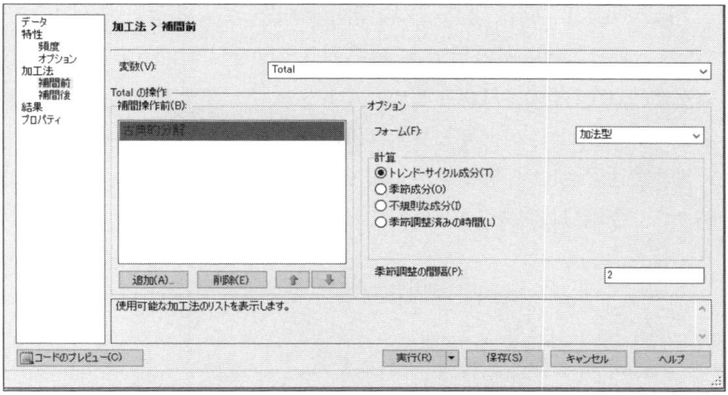

4.2 EG で行う季節性の分解

図 4.15 「古典的分解」をクリックした状態

オプションの一番上は「フォーム」です。ここで、季節性の分解を加法型にするか乗法型にするかを指定します。デフォルトは「加法型」になっているので、今回はこのままにします。

その下に「計算」があります。ここで、分解した項目の何を出力するかを指定します。今回ははじめにトレンド・サイクルを表示しようと思うので、デフォルトになっている「トレンド・サイクル成分」を選択したままにしておきます。

その下に「季節調整の間隔」があります。これは、季節変動の周期の指定です。

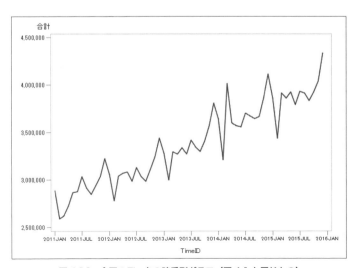

図 4.16 今回のデータの時系列グラフ（図 4.1 と同じもの）

129

このグラフは、「4.1.1　時系列データの傾向の確認」でも表示した今回のデータの時系列グラフです。季節変動周期の指定は、時系列グラフを見て判断するのが一般的です。グラフを見ると、2014年の3月がちょっとイレギュラーで上昇していますが、それを除くとだいたい7月と12月が上昇していて2月が下降しているというパターンが見えるかと思います。上下動はありますが、おそらくは年間のパターンといって差し支えないと思うので、今回は周期を12ということにしてみようと思います。

図4.17　「季節調整の間隔」を「12」に変更（デフォルトは2）

最後に「結果」ペインでグラフ出力の指定をします。デフォルトでグラフは何も出力されない状態ですが、「時系列プロット」の「入力と出力の時系列プロットを作成する」にチェックを入れ、グラフ出力がされるようにします。

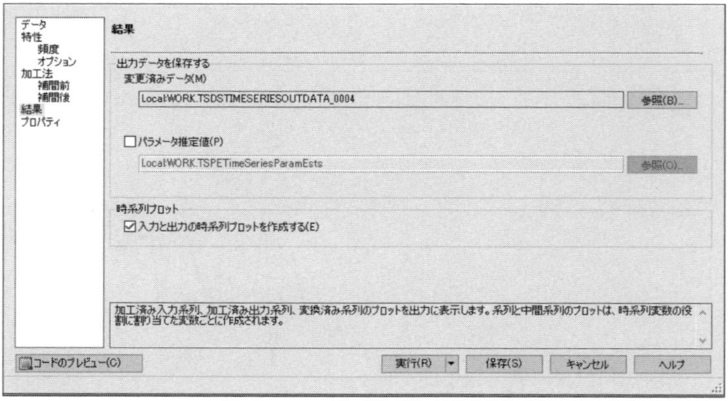

図4.18　「結果」ペイン　「時系列プロット」の「入力と出力の時系列プロットを作成する」にチェック

これで「実行」をクリックすると、全体のデータから季節変動と不規則変動が分離されたトレンド・サイクルが出力されます。

4.2 EGで行う季節性の分解

	TimeID	Total
1	2011JAN	.
2	2011FEB	.
3	2011MAR	.
4	2011APR	.
5	2011MAY	.
6	2011JUN	.
7	2011JUL	2,888,775
8	2011AUG	2,903,770
9	2011SEP	2,929,028
10	2011OCT	2,960,975
11	2011NOV	2,984,479
12	2011DEC	2,998,019
13	2012JAN	3,006,516
14	2012FEB	3,015,571
15	2012MAR	3,026,355

図4.19　計算されたトレンド・サイクル（2011年1月～2012年3月までを抜粋）

	TimeID	Total
49	2015JAN	3,798,325
50	2015FEB	3,817,890
51	2015MAR	3,835,839
52	2015APR	3,854,408
53	2015MAY	3,872,127
54	2015JUN	3,888,445
55	2015JUL	.
56	2015AUG	.
57	2015SEP	.
58	2015OCT	.
59	2015NOV	.
60	2015DEC	.

図4.20　計算されたトレンド・サイクル（2015年1月～2015年12月までを抜粋）

　図4.19はトレンド・サイクルの先頭部分、図4.20は終端部分です。最初の6期と最後の6期は空欄になっています。なぜ6期ずつ空欄になっているかというと、図4.17にあるように「加工法 > 補間前」ペインで「季節調整の間隔」を「12」に変更しているからです。「季節調整の間隔」を「12」にしたトレンド・サイクル成分は、12ヶ月移動平均と同じになります。移動平均を取ることで、季節性が除去されるという考えに基づいているのです。

　今回の、季節変動と誤差をなくしたトレンド・サイクルの時系列グラフは次ページの図4.21のようになりました。原系列の時系列グラフ(図4.22)と比較してみましょう。

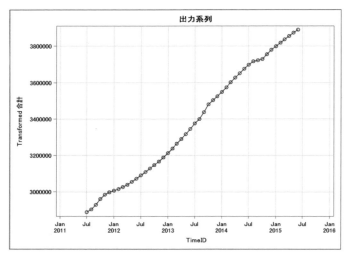

図4.21　トレンド・サイクル成分の時系列グラフ

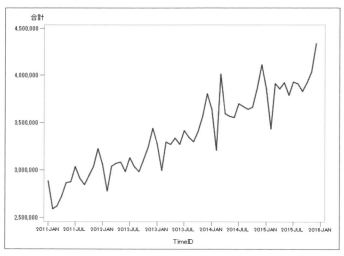

図4.22　原系列の時系列グラフ

　トレンド・サイクル成分の時系列グラフは、原系列から上下の変動がなくなり、ほぼ右肩上がりに上昇するグラフとなっています。
　トレンド・サイクル成分は分離できたので、次は季節変動を見てみたいと思います。

操作としては、「加工法 > 補間前」ペインの「古典的分解」のオプションの計算を「季節成分」に変更するだけです。最初から指定すると面倒なので、トレンド・サイクル成分を出力したプロセスを編集して出力します。

EGの「プロジェクトツリー」の「プロセスフロー」に、トレンド・サイクル成分の出力を実行した処理が「時系列データの加工」として表示されています。これを右クリックすると、以下のようになります。

図 4.23　「プロジェクトツリー」の「プロセスフロー」の「時系列データの加工」を右クリック

右クリックで表示されたメニューの上から3つ目に「時系列データの加工の変更」というものがあります。これをクリックすると、前に実行した分析を編集することができます。

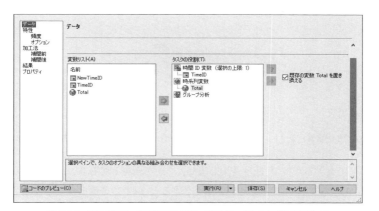

図 4.24　「時系列データの加工の変更」をクリックして、前に実行した「時系列データの加工」の指定が表示された状態

「時系列データの加工の変更」をクリックすると、図4.24のように前に実行した「時系列データの加工」の「データ」ペインが表示され、以前の分析の指定を変更することができます。今回はデータなどはそのままなので、「加工法 > 補間前」ペインを表示します。

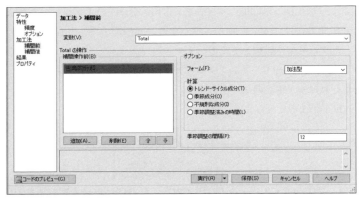

図 4.25 「加工法 > 補間前」ペイン

トレンド・サイクル成分を求めた状態なので、「オプション」の「計算」が「トレンド・サイクル成分」になっています。これを「季節成分」に変更します。「季節成分」は、季節変動のことです。

図 4.26 「計算」を「トレンド・サイクル成分」から「季節成分」に変更　他は変更しない

「計算」を変更するだけで、他は変更しません。他を変更してしまうと、違う条件になってしまうからです。これで「実行」をクリックすると、以下のメッセージが表示されます。

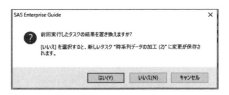

図 4.27 結果置き換えメッセージ

ここで「はい」をクリックすると、指定変更前のトレンド・サイクル成分の出力が上

書きされてしまいます。ここは「いいえ」をクリックして、前回のトレンド・サイクル成分の出力と今回の「季節成分」の結果を別にします。

	TimeID	Total
1	2011JAN	66,505
2	2011FEB	(306,592)
3	2011MAR	132,141
4	2011APR	(3,699)
5	2011MAY	4,511
6	2011JUN	(95,659)
7	2011JUL	57,486
8	2011AUG	(41,582)
9	2011SEP	(111,577)
10	2011OCT	(50,326)
11	2011NOV	76,113
12	2011DEC	272,679
13	2012JAN	66,505
14	2012FEB	(306,592)
15	2012MAR	132,141
16	2012APR	(3,699)
17	2012MAY	4,511
18	2012JUN	(95,659)
19	2012JUL	57,486
20	2012AUG	(41,582)
21	2012SEP	(111,577)
22	2012OCT	(50,326)
23	2012NOV	76,113
24	2012DEC	272,679

図 4.28　計算された季節成分

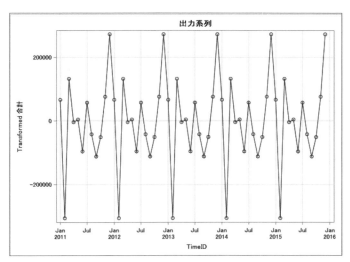

図 4.29　季節成分のグラフ

図4.28と図4.29は「季節成分」として出力された、季節変動のデータとそのグラフです。「加工法＞補間前」ペインで「季節調整の間隔」を「12」に指定しているので、12期周期の変動となっています。図4.28の季節成分は2011年1月から2012年12月までの2年分ですが、2011年1月から12月までと2012年1月から12月までは同じデータになっています。年が違っても、各月が同じデータになります。これが、期の影響、つまり季節成分ということで季節の影響ということになります。図4.29のグラフで見ると、5年分のデータなので同じ波形が5回繰り返されていることになります。

トレンド・サイクル、季節変動が分離できたので、あとは誤差である不規則変動です。トレンド・サイクルの分析を変更して季節変動を出力したのと同じように、今度は「加工法＞補間前」ペインの「古典的分解」のオプションの計算を「不規則な成分」に変更します。この「不規則な成分」が不規則変動のことです。季節変動のときと同様に、トレンド・サイクル成分を出力したプロセスを編集して出力します。

規則変動のときと同様に、「プロジェクトツリー」の「プロセスフロー」にあるトレンド・サイクル成分の出力を実行した処理である「時系列データの加工」を右クリックし、メニューを表示させます。

図4.30　「プロジェクトツリー」の「プロセスフロー」の「時系列データの加工」を右クリック

右クリックで表示されたメニューの上から3つ目にある「時系列データの加工の変更」をクリックし、前に実行した分析を編集します。

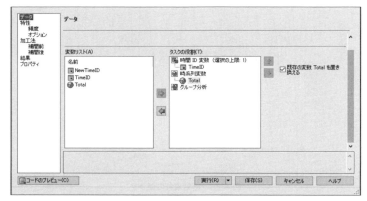

図4.31　「時系列データの加工の変更」をクリックして、前に実行した
「時系列データの加工」の指定が表示された状態

「時系列データの加工の変更」をクリックすると、図4.31のように前に実行した「時系列データの加工」の「データ」ペインが表示され、以前の分析の指定を変更することができます。今回もデータなどはそのままなので、「加工法 > 補間前」ペインを表示します。

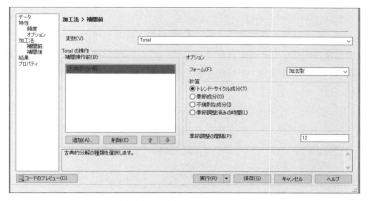

図 4.32 「加工法 > 補間前」ペイン

今回もトレンド・サイクル成分を求めたときの処理を編集しているので、「オプション」の「計算」が「トレンド・サイクル成分」になっています。これを「不規則な成分」に変更します。この「不規則な成分」は、不規則変動のことです。

図 4.33 「計算」を「トレンド・サイクル成分」から「不規則な成分」に変更　他は変更しない

「計算」を変更するだけで、他は変更しません。これで「実行」をクリックすると、やはり以下のメッセージが表示されます。

図 4.34　結果置き換えメッセージ

ここで「はい」をクリックすると、指定変更前のトレンド・サイクル成分の出力が上書きされてしまうので、「いいえ」をクリックして、前回のトレンド・サイクル成分の出力と今回の「不規則な成分」の結果を別にします。

	TimeID	Total
1	2011JAN	
2	2011FEB	
3	2011MAR	
4	2011APR	
5	2011MAY	
6	2011JUN	
7	2011JUL	90,352
8	2011AUG	52,325
9	2011SEP	31,190
10	2011OCT	29,712
11	2011NOV	(23,490)
12	2011DEC	(43,851)
13	2012JAN	(12,761)
14	2012FEB	71,169
15	2012MAR	(116,600)

図 4.35　計算された不規則な成分（2011 年 1 月～ 2012 年 3 月までを抜粋）

49	2015JAN	(5,181)
50	2015FEB	(72,659)
51	2015MAR	(53,540)
52	2015APR	10,167
53	2015MAY	49,270
54	2015JUN	(578)
55	2015JUL	
56	2015AUG	
57	2015SEP	
58	2015OCT	
59	2015NOV	
60	2015DEC	

図 4.36　計算された不規則な成分（2015 年 1 月～ 2015 年 12 月までを抜粋）

不規則な成分もトレンド・サイクル成分と同様の調整がされます。今回はトレンド・サイクル成分と同様に前後の 6 期がないことになります。

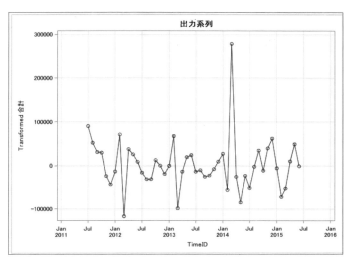

図 4.37 不規則な成分のグラフ

不規則な成分の時系列グラフが図 4.37 です。

今回の分析の、トレンド・サイクル、季節変動、不規則変動の結果をまとめると以下の表のようになります。

表 4.2 今回の原系列と、トレンド・サイクル、季節変動、不規則変動

TimeID	原系列	トレンド・サイクル	季節変動	不規則変動
2011JAN	2,887,197		66,505	
2011FEB	2,593,344		−306,592	
2011MAR	2,622,489		132,141	
2011APR	2,725,891		−3,699	
2011MAY	2,868,358		4,511	
2011JUN	2,877,410		−95,659	
2011JUL	3,036,613	2,888,775	57,486	90,352
2011AUG	2,914,513	2,903,770	−41,582	52,325
2011SEP	2,848,641	2,929,028	−111,577	31,190
2011OCT	2,940,362	2,960,975	−50,326	29,712
2011NOV	3,037,103	2,984,479	76,113	−23,490
2011DEC	3,226,847	2,998,019	272,679	−43,851
2012JAN	3,060,261	3,006,516	66,505	−12,761
2012FEB	2,780,148	3,015,571	−306,592	71,169
2012MAR	3,041,896	3,026,355	132,141	−116,600
2012APR	3,073,216	3,039,140	−3,699	37,775
2012MAY	3,085,126	3,054,782	4,511	25,833

第4章 季節性の分解

TimeID	原系列	トレンド・サイクル	季節変動	不規則変動
2012JUN	2,985,599	3,072,370	−95,659	8,888
2012JUL	3,132,358	3,090,525	57,486	−15,653
2012AUG	3,036,085	3,108,794	−41,582	−31,128
2012SEP	2,985,865	3,128,572	−111,577	−31,130
2012OCT	3,109,991	3,147,548	−50,326	12,769
2012NOV	3,242,887	3,166,498	76,113	276
2012DEC	3,443,165	3,189,119	272,679	−18,633
2013JAN	3,279,670	3,213,091	66,505	74
2013FEB	2,999,202	3,238,058	−306,592	67,736
2013MAR	3,297,500	3,264,189	132,141	−98,830
2013APR	3,273,029	3,289,784	−3,699	−13,056
2013MAY	3,340,118	3,316,013	4,511	19,595
2013JUN	3,273,507	3,345,009	−95,659	24,157
2013JUL	3,419,794	3,375,396	57,486	−13,088
2013AUG	3,347,856	3,399,417	−41,582	−9,979
2013SEP	3,301,234	3,438,112	−111,577	−25,300
2013OCT	3,408,911	3,481,532	−50,326	−22,295
2013NOV	3,573,446	3,504,716	76,113	−7,384
2013DEC	3,808,517	3,526,161	272,679	9,677
2014JAN	3,643,604	3,549,824	66,505	27,275
2014FEB	3,211,771	3,575,201	−306,592	−56,838
2014MAR	4,013,602	3,603,084	132,141	278,377
2014APR	3,599,010	3,628,188	−3,699	−25,479
2014MAY	3,570,569	3,651,349	4,511	−85,290
2014JUN	3,557,735	3,676,454	−95,659	−23,060
2014JUL	3,703,464	3,698,181	57,486	−52,203
2014AUG	3,673,243	3,716,636	−41,582	−1,811
2014SEP	3,645,027	3,721,957	−111,577	34,647
2014OCT	3,667,631	3,728,736	−50,326	−10,779
2014NOV	3,870,572	3,754,453	76,113	40,005
2014DEC	4,113,922	3,779,029	272,679	62,214
2015JAN	3,859,650	3,798,325	66,505	−5,181
2015FEB	3,438,639	3,817,890	−306,592	−72,659
2015MAR	3,914,440	3,835,839	132,141	−53,540
2015APR	3,860,876	3,854,408	−3,699	10,167
2015MAY	3,925,908	3,872,127	4,511	49,270
2015JUN	3,792,208	3,888,445	−95,659	−578
2015JUL	3,932,115		57,486	
2015AUG	3,914,131		−41,582	
2015SEP	3,834,919		−111,577	
2015OCT	3,923,406		−50,326	
2015NOV	4,040,050		76,113	
2015DEC	4,336,069		272,679	

今回は加法モデル（加法型）ということで分解を行いました。そのため、トレンド・サイクル、季節変動、不規則変動の合計が、原系列になっていることが確認できることと思います。例えば2011年7月はトレンド・サイクルが2,888,775、季節変動が57,486、不規則変動が90,352なので、合計は2,888,775+57,486+90,352=3,036,613となり原系列に一致します。加法モデルにすると、今回のクレジットカードのデータはこのように表現されます。2011年7月は、季節変動が57,486,000,000（約575億）円で不規則変動が90,352,000,000（約904億）円ということになります。季節変動が正の月は売上が多い月、負の月は少ない月ということができます。

4.2.2 ●EGで行う季節性の分解　乗法モデル

前項では加法モデルとして、季節性の分解を行いました。原系列は各成分の和になっているという考え方です。式としては単純ですが、経済データなどは単純に合計として説明できるかということもあり、かけ算の積である乗法モデルの方が、特に経済時系列のデータではよく用いられるようです。

では、前項と同じデータを用いて、乗法モデルの分解を行ってみましょう。途中までは前項と同じですが、順を追って説明していきます。まず「タスク」メニューの「時系列分析」にある「時系列データの加工」を選択します。

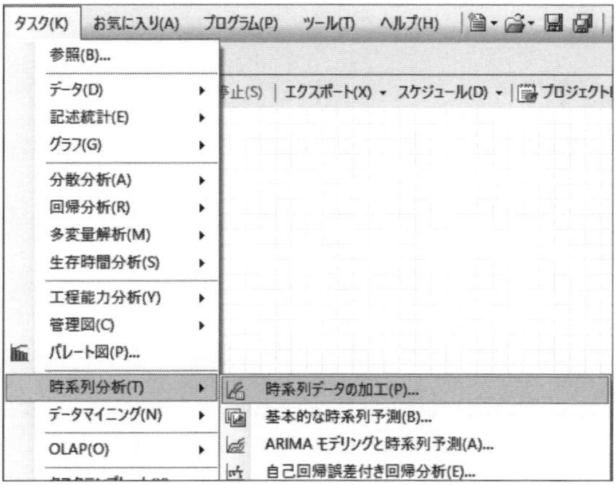

図4.38　「タスク」メニューの「時系列分析」にある「時系列データの加工」

「タスク」メニューの「時系列分析」にある「時系列データの加工」をクリックすると、

「時系列データの加工」ダイアログが表示されます。今回は変数「TimeID」が「時間ID変数」に自動で設定されます。

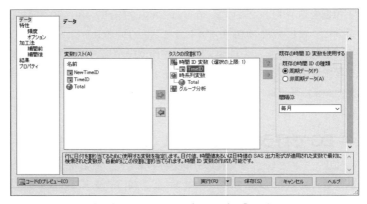

図 4.39 「時系列データの加工」ダイアログの「データ」ペイン
「TimeID」が「時間 ID 変数」に自動的に設定

今回の「TimeID」は毎月のデータなので、他の指定はデフォルトのまま変更しません。次に「時系列変数」を指定します。

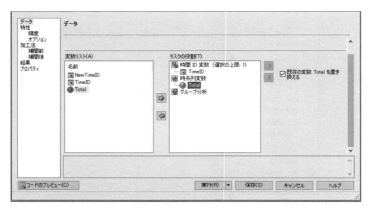

図 4.40 「Total」を「時系列変数」に指定

次に、「特性 > オプション」ペインで「補間法」を「補間をしない」に設定し、デフォルトの設定から変更しデータの補間をしないようにしておきます。

図 4.41 「特性 > オプション」ペイン 「補間法」を「補間をしない」に設定

季節性の分解は、「加工法 > 補間前」ペインで行います。もしデータを補間する場合は「加工法 > 補間後」ペインで行います。

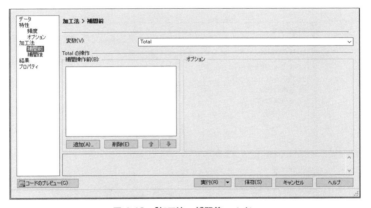

図 4.42 「加工法 > 補間前」ペイン

ここで「補間操作前」の空欄の下にある「追加」をクリックすると、「加工法の追加」ウィンドウに、各種の式が表示されます。これは「加工法 > 補間後」ペインでも「補間操作後」となっているだけで同じです。

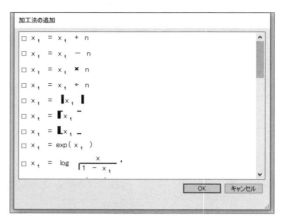

図 4.43 「加工法の追加」ウィンドウ

「加工法の追加」ウィンドウをスクロールすると、真ん中より少し下のあたりに、前項と同じ「古典的分解」があります。

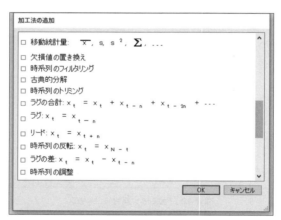

図 4.44 「加工法の追加」ウィンドウにある「古典的分解」 画面一番上が「移動統計量」

式の前にチェックボックスがあるので、チェックを入れます。

4.2 EG で行う季節性の分解

図 4.45 「古典的分解」にチェックを入れた状態

チェックを入れると、(モノクロの印刷では見にくいかもしれませんが) 青色で反転します。ここで「OK」をクリックすると、「加工法 > 補間前」ペインの「補間操作前」欄に「古典的分解」が表示されます。

図 4.46 「加工法 > 補間前」ペインの「補間操作前」欄に「古典的分解」が表示された状態

ここで、この「古典的分解」をクリックすると右の「オプション」に表示が出ます。季節性の分解を行う場合は、このオプションの指定で、算出する内容を指定します。

図 4.47 「古典的分解」をクリックした状態

オプションの一番上は「フォーム」です。ここで、季節性の分解を加法型にするか乗法型にするかを指定します。デフォルトは「加法型」になっているので、今回はここを「乗法型」に変更します。

図 4.48 「フォーム」を「乗法型」に変更

その下に「計算」があります。ここで、分解した項目の何を出力するかを指定します。今回ははじめにトレンド・サイクルを表示しようと思うので、デフォルトになっている「トレンド・サイクル成分」を選択したままにしておきます。

その下に「季節調整の間隔」があります。季節変動の周期の指定なので、今回も加法型のときと同じように「12」にしておきます。

図 4.49 「季節調整の間隔」を「12」に変更

4.2 EG で行う季節性の分解

最後に「結果」ペインでグラフ出力の指定をします。デフォルトでグラフは何も出力されない状態ですが、「時系列プロット」の「入力と出力の時系列プロットを作成する」にチェックを入れ、グラフ出力がされるようにします。

図 4.50　「結果」ペイン　「時系列プロット」の「入力と出力の時系列プロットを作成する」にチェック

これで「実行」をクリックすると、乗法型のトレンド・サイクルが出力されます。

	TimeID	Total
1	2011JAN	
2	2011FEB	
3	2011MAR	
4	2011APR	
5	2011MAY	
6	2011JUN	
7	2011JUL	2,888,775
8	2011AUG	2,903,770
9	2011SEP	2,929,028
10	2011OCT	2,960,975
11	2011NOV	2,984,479
12	2011DEC	2,998,019
13	2012JAN	3,006,516
14	2012FEB	3,015,571
15	2012MAR	3,026,355

図 4.51　計算された乗法型のトレンド・サイクル（2011 年 1 月～ 2012 年 3 月までを抜粋）

147

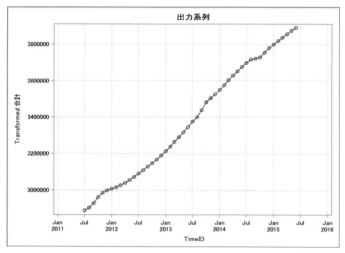

図 4.52　トレンド・サイクル成分の時系列グラフ

　乗法型のトレンド・サイクルが出力されますが、実はこれは加法型のときと同じもの、つまり中心化移動平均となります。今回は周期を12にしているので、12ヶ月移動平均ということになります。トレンド・サイクルは、加法型でも乗法型でも同様に移動平均を考えます。異なるのは、季節変動と不規則変動です。

　では加法モデルのときと同じように、続けて季節変動を算出してみましょう。やはり最初から指定すると面倒なので、トレンド・サイクル成分を出力したプロセスを編集して出力します。「プロジェクトツリー」の「プロセスフロー」に、トレンド・サイクル成分の出力を実行した処理が「時系列データの加工」として表示されているので、これを右クリックすると、以下のようになります。

図 4.53　「プロジェクトツリー」の「プロセスフロー」の「時系列データの加工」を右クリック

　なお、図4.53では、「時系列データの加工 (4)」となっています。本書の画面ショットを撮るときに、前項の加法モデルの各変動の分析を順番に行ってショットを撮っているため、乗法モデルが4番目になっているので (4) が付いています。読者の方が実際に分析を行うときも、同一プロジェクト内で事前に行っている「時系列データの加工」の回数によって数字が変わります。内容は変わらないので、この後はショット上に (4)

のような数字が付いていても文章では表記しませんので、ご理解ください。

右クリックで表示されたメニューの上から3つ目に「時系列データの加工の変更」というものがあります。これをクリックし、前に実行したトレンド・サイクルの分析を編集します。

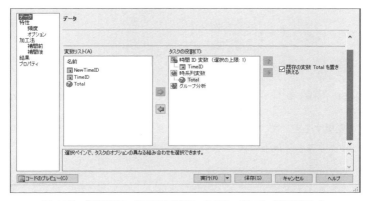

図 4.54　「時系列データの加工の変更」をクリックして、前に実行した「時系列データの加工」の指定が表示された状態

「時系列データの加工の変更」をクリックすると、図4.54のように前に実行した「時系列データの加工」の「データ」ペインが表示され、以前の分析の指定を変更することができます。今回はデータなどはそのままなので、「加工法 > 補間前」ペインを表示します。

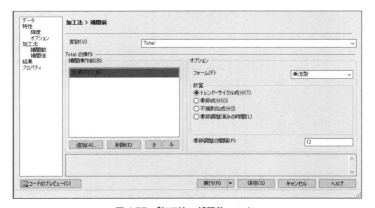

図 4.55　「加工法 > 補間前」ペイン

乗法モデルのトレンド・サイクル成分を求めた状態なので、「オプション」の「フォーム」は「乗法型」、「計算」は「トレンド・サイクル成分」になっています。「フォーム」はそのままで、「計算」を季節変動である「季節成分」に変更します。

図 4.56 「計算」を「トレンド・サイクル成分」から「季節成分」に変更　他は変更しない

「計算」を変更するだけで、「フォーム」も「季節調整の間隔」も変更しません。これで「実行」をクリックすると、以下のメッセージが表示されます。

図 4.57　結果置き換えメッセージ

ここで「はい」をクリックすると、指定変更前のトレンド・サイクル成分の出力が上書きされてしまいます。ここは「いいえ」をクリックして、前回のトレンド・サイクル成分の出力と今回の「季節成分」の結果を別にします。

	TimeID	Total
1	2011JAN	1
2	2011FEB	1
3	2011MAR	1
4	2011APR	1
5	2011MAY	1
6	2011JUN	1
7	2011JUL	1
8	2011AUG	1
9	2011SEP	1
10	2011OCT	1
11	2011NOV	1
12	2011DEC	1
13	2012JAN	1
14	2012FEB	1
15	2012MAR	1

図 4.58　計算された季節成分

4.2 EGで行う季節性の分解

今回のデータでは、季節成分がすべて1と表示されますが、EGの出力のデフォルトが小数点以下の表示をしないようになっているためです。小数点以下を表示させるには「編集」メニューの「データの保護」のチェックを外します。

図 4.59 「編集」メニューの「データの保護」 画面はチェックが入っているのでこれをクリックして外す

次にデータシートの変数「Total」の上で右クリックし、表示されるメニューから一番下の「プロパティ」をクリックします。

図 4.60 右クリックで表示されたメニューから「プロパティ」をクリック

「プロパティ」ダイアログの「出力形式」ペインをクリックします。

図 4.61 「プロパティ」ダイアログの「出力形式」

「属性」の「小数点以下の桁数」がデフォルトで0になっているので、3〜6桁程度の任意の桁数を設定し、「OK」をクリックします。

	TimeID	Total
1	2011JAN	1.019436
2	2011FEB	0.911031
3	2011MAR	1.036573
4	2011APR	0.999101
5	2011MAY	1.001403
6	2011JUN	0.972520
7	2011JUL	1.018970
8	2011AUG	0.987540
9	2011SEP	0.965806
10	2011OCT	0.985139
11	2011NOV	1.022217
12	2011DEC	1.080265
13	2012JAN	1.019436
14	2012FEB	0.911031
15	2012MAR	1.036573

図 4.62 小数桁の表記設定が変更された季節成分

トレンド・サイクルとは異なり、乗法モデルの季節成分は加法モデルと値が異なります。

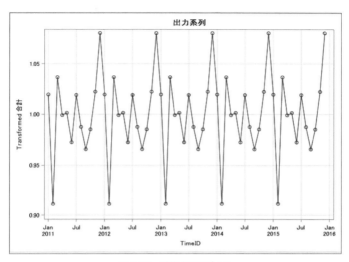

図 4.63　季節成分のグラフ

　図4.63は「季節成分」として出力された、季節変動のデータとそのグラフです。加法モデルと値は異なりますが、「加工法 > 補間前」ペインで「季節調整の間隔」を「12」に指定しているので、12期周期の変動となっているのは同じです。したがって年が違っても、各月が同じデータになっており、グラフは5年分のデータなので同じ波形が5回繰り返されていることになります。

　不規則変動も、同様に算出したいと思います。規則変動のときと同様に、「プロジェクトツリー」の「プロセスフロー」にあるトレンド・サイクル成分の出力を実行した処理である「時系列データの加工」を右クリックし、メニューを表示させます。

図 4.64　「プロジェクトツリー」の「プロセスフロー」の「時系列データの加工」を右クリック

　右クリックで表示されたメニューの上から3つ目にある「時系列データの加工の変更」をクリックし、前に実行した分析を編集します。

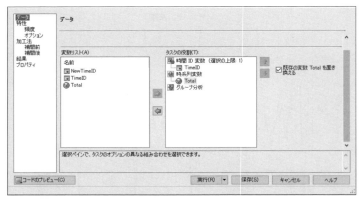

図 4.65 「時系列データの加工の変更」をクリックして、前に実行した
「時系列データの加工」の指定が表示された状態

「時系列データの加工の変更」をクリックすると、図4.65のように前に実行した「時系列データの加工」の「データ」ペインが表示され、以前の分析の指定を変更することができます。今回もデータなどはそのままなので、「加工法 > 補間前」ペインを表示します。

図 4.66 「加工法 > 補間前」ペイン

今回もトレンド・サイクル成分を求めたときの処理を編集しているので、「オプション」の「計算」が「トレンド・サイクル成分」になっています。これを「不規則な成分」に変更します。

図 4.67 「計算」を「トレンド・サイクル成分」から「不規則な成分」に変更　他は変更しない

「計算」を変更するだけで、他は変更しません。これで「実行」をクリックすると、やはり以下のメッセージが表示されます。

図 4.68　結果置き換えメッセージ

ここで「はい」をクリックすると、指定変更前のトレンド・サイクル成分の出力が上書きされてしまうので、「いいえ」をクリックして、前回のトレンド・サイクル成分の出力と今回の「不規則な成分」の結果を別にします。

	TimeID	Total
1	2011JAN	
2	2011FEB	
3	2011MAR	
4	2011APR	
5	2011MAY	
6	2011JUN	
7	2011JUL	1.031607
8	2011AUG	1.016364
9	2011SEP	1.006988
10	2011OCT	1.008018
11	2011NOV	0.995515
12	2011DEC	0.996354
13	2012JAN	0.998470
14	2012FEB	1.011964
15	2012MAR	0.969672

図 4.69　計算された不規則な成分（2011 年 1 月〜 2012 年 3 月までを抜粋）※小数点表記変更済み

49	2015JAN	0.996772
50	2015FEB	0.988622
51	2015MAR	0.984486
52	2015APR	1.002579
53	2015MAY	1.012469
54	2015JUN	1.002808
55	2015JUL	.
56	2015AUG	.
57	2015SEP	.
58	2015OCT	.
59	2015NOV	.
60	2015DEC	.

図 4.70　計算された不規則な成分（2015 年 1 月～ 2015 年 12 月までを抜粋）※小数点表記変更済み

不規則な成分もトレンド・サイクル成分と同様の調整がされます。今回はトレンド・サイクル成分と同様に前後の6期がないことになります。

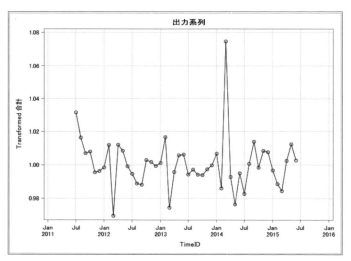

図 4.71　不規則な成分のグラフ

不規則な成分の時系列グラフが図4.71です。

今回の分析の、トレンド・サイクル、季節変動、不規則変動の結果をまとめると以下の表のようになります。

4.2 EGで行う季節性の分解

表4.3 今回の原系列と、トレンド・サイクル、季節変動、不規則変動

TimeID	原系列	トレンド・サイクル	季節変動	不規則変動
2011JAN	2,887,197		1.019436	
2011FEB	2,593,344		0.911031	
2011MAR	2,622,489		1.036573	
2011APR	2,725,891		0.999101	
2011MAY	2,868,358		1.001403	
2011JUN	2,877,410		0.97252	
2011JUL	3,036,613	2,888,775	1.01897	1.031607
2011AUG	2,914,513	2,903,770	0.98754	1.016364
2011SEP	2,848,641	2,929,028	0.965806	1.006988
2011OCT	2,940,362	2,960,975	0.985139	1.008018
2011NOV	3,037,103	2,984,479	1.022217	0.995515
2011DEC	3,226,847	2,998,019	1.080265	0.996354
2012JAN	3,060,261	3,006,516	1.019436	0.99847
2012FEB	2,780,148	3,015,571	0.911031	1.011964
2012MAR	3,041,896	3,026,355	1.036573	0.969672
2012APR	3,073,216	3,039,140	0.999101	1.012122
2012MAY	3,085,126	3,054,782	1.001403	1.008518
2012JUN	2,985,599	3,072,370	0.97252	0.999216
2012JUL	3,132,358	3,090,525	1.01897	0.994667
2012AUG	3,036,085	3,108,794	0.98754	0.988934
2012SEP	2,985,865	3,128,572	0.965806	0.988176
2012OCT	3,109,991	3,147,548	0.985139	1.002973
2012NOV	3,242,887	3,166,498	1.022217	1.001866
2012DEC	3,443,165	3,189,119	1.080265	0.999441
2013JAN	3,279,670	3,213,091	1.019436	1.001261
2013FEB	2,999,202	3,238,058	0.911031	1.016689
2013MAR	3,297,500	3,264,189	1.036573	0.974562
2013APR	3,273,029	3,289,784	0.999101	0.995802
2013MAY	3,340,118	3,316,013	1.001403	1.005858
2013JUN	3,273,507	3,345,009	0.97252	1.006277
2013JUL	3,419,794	3,375,396	1.01897	0.994292
2013AUG	3,347,856	3,399,417	0.98754	0.997259
2013SEP	3,301,234	3,438,112	0.965806	0.994184
2013OCT	3,408,911	3,481,532	0.985139	0.993911
2013NOV	3,573,446	3,504,716	1.022217	0.99745
2013DEC	3,808,517	3,526,161	1.080265	0.999824
2014JAN	3,643,604	3,549,824	1.019436	1.006849
2014FEB	3,211,771	3,575,201	0.911031	0.986077
2014MAR	4,013,602	3,603,084	1.036573	1.074633
2014APR	3,599,010	3,628,188	0.999101	0.99285
2014MAY	3,570,569	3,651,349	1.001403	0.976507

TimeID	原系列	トレンド・サイクル	季節変動	不規則変動
2014JUN	3,557,735	3,676,454	0.97252	0.995052
2014JUL	3,703,464	3,698,181	1.01897	0.982785
2014AUG	3,673,243	3,716,636	0.98754	1.000795
2014SEP	3,645,027	3,721,957	0.965806	1.014004
2014OCT	3,667,631	3,728,736	0.985139	0.99845
2014NOV	3,870,572	3,754,453	1.022217	1.008522
2014DEC	4,113,922	3,779,029	1.080265	1.007733
2015JAN	3,859,650	3,798,325	1.019436	0.996772
2015FEB	3,438,639	3,817,890	0.911031	0.988622
2015MAR	3,914,440	3,835,839	1.036573	0.984486
2015APR	3,860,876	3,854,408	0.999101	1.002579
2015MAY	3,925,908	3,872,127	1.001403	1.012469
2015JUN	3,792,208	3,888,445	0.97252	1.002808
2015JUL	3,932,115		1.01897	
2015AUG	3,914,131		0.98754	
2015SEP	3,834,919		0.965806	
2015OCT	3,923,406		0.985139	
2015NOV	4,040,050		1.022217	
2015DEC	4,336,069		1.080265	

　今回は乗法モデル（乗法型）です。トレンド・サイクル、季節変動、不規則変動の積が、原系列になっていることが確認できることと思います。例えば2011年7月はトレンド・サイクルが2,888,775、季節変動が1.01897、不規則変動が1.031607なので、積は2,888,775×1.01897×1.031607=3,036,613となり原系列に一致します。乗法モデルにすると、今回のクレジットカードのデータはこのように表現されます。2011年7月は、季節変動が1.01897、不規則変動が1.031607ということになります。季節変動が1より大きければ売上の多い月、1より小さければ少ない月ということができます。

第5章 次期の予測

5.1 次期の予測

　EGの時系列分析には「基本的な時系列予測」というメニューがあります。このメニューでは、次の期の予測を行うことができます。この章では各予測方法と、EGでの実行方法について説明します。

　「基本的な時系列予測」には、予測手法として以下の4種類のオプションがあります。

- ステップワイズ自己回帰（自己回帰プロセス用）
- 指数平滑化（移動平均プロセス用）
- Winters法（乗法型）
- Winters法（加法型）

　ステップワイズ自己回帰は、自己相関の考えを利用しています。指数平滑化とWinters法（乗法型・加法型）は指数平滑化を基本の考え方にしています。Winters（ウィンタース）法は指数平滑化に季節調整の考えを入れたものです。指数平滑化の方が、直近のデータに重きを置くという特徴があるので、少ないデータでも予測がある程度の精度を保てる可能性があるということになっています。ただ、もともとないところを予測するのですから、当てはまりのよさについては、データによって異なります。実際には1つの手法だけで行うのではなく、各手法を比較するのがよいと思います。

5.1.1 ● ステップワイズ自己回帰（自己回帰プロセス用）

　ステップワイズ自己回帰法では、はじめにトレンド・サイクルを求め、それぞれの値と推定されたトレンドの差異を取ります。次に自己回帰モデルを使用して、残りの変動を適合させます。トレンド・サイクルの算出と自己回帰は順番に行われるので、結果が

最適である保証よりも、実行の速さや簡便性が利点とされています。また、自己回帰プロセスなので、季節変動など特定の期の関連性が高い場合はその値が優先されます。

自己回帰は自己相関と同様に、オプションで指定する範囲のラグとの係数を算出し、一般的な回帰分析のステップワイズ法と同様に有意水準が不適なものから候補から外していくパターンとなります。

一般的な重回帰分析は予測に使用する独立変数が多い方が精度が高くなりますが、自己回帰分析も対象となる期間が長い方が精度は高くなります。どのくらいかという明確な基準はないのですが、ある程度の期間がある方が有利です。ただ、長期間のデータでもトレンド・サイクルが変わっているデータだと予測には向きません。それは自己回帰分析に限らず、時系列分析共通の事柄です。

5.1.2 ● 指数平滑化（移動平均プロセス用）

指数平滑化では、時系列の最初のデータよりも、直近のデータへの重みが大きくなるようにトレンド・サイクルを当てはめます。オブザベーションの重みは、オブザベーションの最終期に対してさかのぼる期間数の指数関数となります。

この指数平滑化は、移動平均による予測値です。そのため、季節変動がない場合の予測が基本となります。季節変動がある予測は、あまりうまくいきません。

指数平滑化予測で算出される信頼限界は、無限の数の観測を単純化する仮定を使用して、指数関数的に重み付けした計算となります。分散推定値は、重み付けされていない1期先行予測値との残差の平均2乗値が用いられています。

5.1.3 ● Winters法（乗法型季節調整プロセス用）

Winters法（乗法型季節調整プロセス用）では、指数平滑化に類似した方法で式を更新し、季節調整を行います。また、原系列の値がすべて正であると仮定します。系列に負の値またはゼロの値がある場合、EGでは警告が出力され、値は欠損として扱われます。また、各サイクルの季節要因が平均1.0となるように正規化されています。

5.1.4 ● Winters法（加法型季節調整プロセス用）

Winters法（加法型）は、Winters法（乗法型）と似ていますが、季節調整が乗算ではなく加算されることとなります。その点は、「4.1.2　時系列データの構成の確認」で説明した乗法モデル・加法モデルと同じ考え方です。

一般的に、Winters法の乗法型と加法型の違いは以下のようにいわれています。

乗法型　データの季節パターンがデータの大きさに依存する場合
加法型　データの季節パターンがデータの大きさに依存しない場合

データが増減したときに、季節パターンも増減すると考えられる場合は乗法型、データの増減に季節パターンが依存しない場合は加法型という考え方です。ただこの考え方も厳密なものではなく、両方を試して当てはまりのよい方を選択するのが一般的なようです。EGでは同じデータでの分析のやり直しも容易なので、うまくフィットするモデルを丹念に探すことができます。

5.2　EGで行う次期の予測

実際に、EGを使った予測のやり方を説明します。なお、この節で説明に使用するのは共通で以下のデータです。

表5.1　今回の説明用データ

date	birth	date	birth	date	birth
JAN2011	88,492	SEP2012	89,758	MAY2014	83,310
FEB2011	79,755	OCT2012	90,438	JUN2014	81,401
MAR2011	87,512	NOV2012	85,577	JUL2014	89,516
APR2011	85,254	DEC2012	86,107	AUG2014	87,732
MAY2011	86,491	JAN2013	85,853	SEP2014	90,309
JUN2011	87,266	FEB2013	77,066	OCT2014	88,592
JUL2011	91,383	MAR2013	82,997	NOV2014	80,993
AUG2011	93,066	APR2013	81,856	DEC2014	86,043
SEP2011	92,497	MAY2013	85,297	JAN2015	84,740
OCT2011	89,180	JUN2013	82,397	FEB2015	75,989
NOV2011	84,667	JUL2013	91,467	MAR2015	81,942
DEC2011	85,243	AUG2013	92,118	APR2015	83,408
JAN2012	87,680	SEP2013	90,618	MAY2015	83,827
FEB2012	81,469	OCT2013	90,667	JUN2015	83,200
MAR2012	83,749	NOV2013	83,126	JUL2015	88,612
APR2012	81,718	DEC2013	86,354	AUG2015	86,344
MAY2012	85,841	JAN2014	83,572	SEP2015	86,832
JUN2012	83,451	FEB2014	73,897	OCT2015	85,825
JUL2012	90,537	MAR2014	79,340	NOV2015	80,659
AUG2012	90,906	APR2014	78,834	DEC2015	84,299

このデータは、厚生労働省人口動態統計の、2011年1月から2015年12月までの月ごとの出生数です。「時間ID変数」になる変数は「date」で「年月」です。分析対象となる変数は、ここでは「時系列変数」ではなく「予測変数」となります。この節での「予測変数」は「birth」(出生数) です。

5.2.1 ● EGで行うステップワイズ自己回帰

EGで次の期の予測を行うのは、「タスク」メニューの「時系列分析」にある「基本的な時系列予測」です。

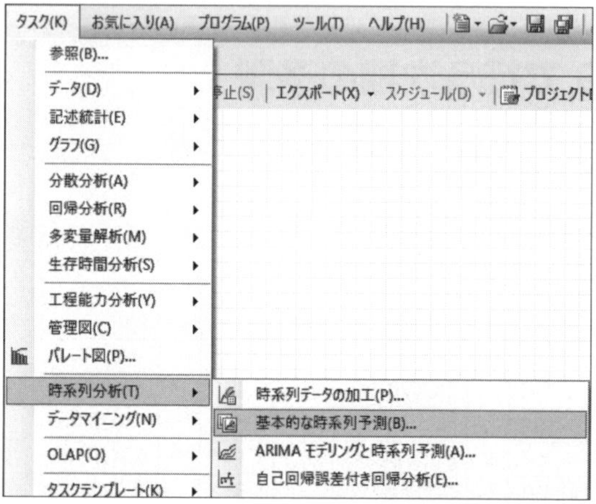

図5.1 「タスク」メニューの「時系列分析」にある「基本的な時系列予測」

「タスク」メニューの「時系列分析」にある「基本的な時系列予測」をクリックすると、「基本的な時系列予測」ダイアログの「データ」ペインが表示されます。今回は変数「date」が「時間ID変数」に自動で設定されています。

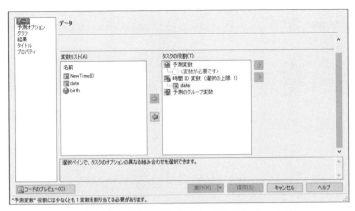

図 5.2 「基本的な時系列予測」ダイアログの「データ」ペイン
「date」が「時間 ID 変数」に自動的に設定

「基本的な時系列予測」の「時間ID変数」は、特にオプションの指定はありません。次に「時系列変数」を指定します。

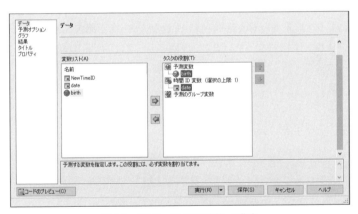

図 5.3 「birth」を「予測変数」に指定

次に、「予測オプション」ペインで予測方法の指定を行います。

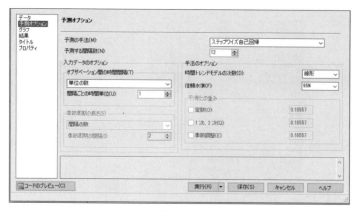

図 5.4 「予測オプション」ペイン

　予測方法の指定は、この「予測オプション」ペインの一番上にある「予測の手法」で指定します。デフォルトでは、図5.4のように「ステップワイズ自己回帰」となっているので、ここはこのままにしておきます。

　その下に、「予測する間隔数」があります。ここで指定するのが予測する期の数になります。つまり、原系列の最後の期からいくつのリードを予測するかということになります。デフォルトは12になっています。今回のデータは「時間ID変数」である「date」が「年月」なので、ちょうど1年分のリードを取ることになります。ここもこのままにしておきます。

　残りの部分のオプションも、特に設定する必要はありません。次に「グラフ」ペインでグラフ出力の設定を行います。

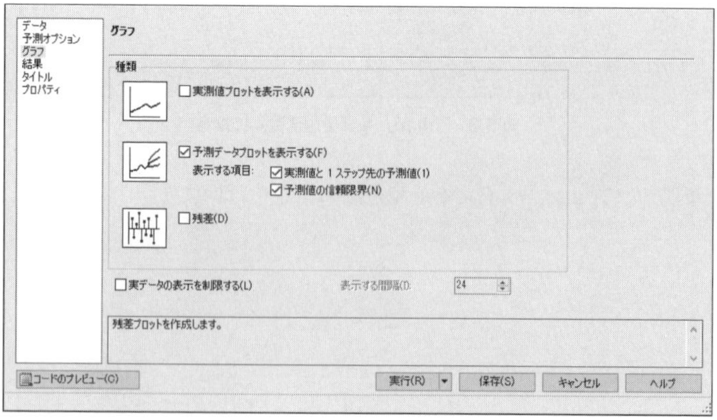

図 5.5 「グラフ」ペイン

デフォルトでは真ん中の「予測データプロットを表示する」にチェックが入り、さらに「表示する項目」の「実測値と1ステップ先の予測値」と「予測値の信頼限界」にチェックが入っています。ここではさらに、一番上の「実測値プロットを表示する」と下の「残差」も合わせてチェックを入れます。

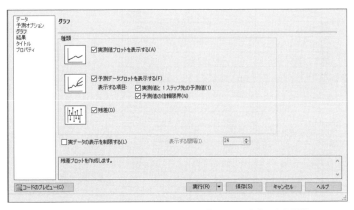

図 5.6　「グラフ」ペイン　デフォルト以外もチェックを入れた状態

これで「実行」をクリックすると、予測値とグラフが出力されます。

	date	_TYPE_	_LEAD_	birth
1	JAN2011	ACTUAL	0	88,492
2	JAN2011	FORECAST	0	87,295
3	JAN2011	RESIDUAL	0	1,197
4	FEB2011	ACTUAL	0	79,755
5	FEB2011	FORECAST	0	87,233
6	FEB2011	RESIDUAL	0	-7,478
7	MAR2011	ACTUAL	0	87,512
8	MAR2011	FORECAST	0	87,170
9	MAR2011	RESIDUAL	0	342
10	APR2011	ACTUAL	0	85,254
11	APR2011	FORECAST	0	87,108
12	APR2011	RESIDUAL	0	-1,854
13	MAY2011	ACTUAL	0	86,491
14	MAY2011	FORECAST	0	87,045
15	MAY2011	RESIDUAL	0	-554

図 5.7　予測値の出力（一部抜粋）

図5.7は予測値の出力の最初の部分です。時系列の予測では、モデル式を使ってすべての原系列の値に対する予測値も算出されます。そのため、リードの予測値だけでなく原系列と原系列それぞれに対する予測値も出力されます。

少し長いですが、図5.7の出力をすべて表示した表を掲載します。

表5.2 予測値の出力

date	_TYPE_	_LEAD_	birth
JAN2011	ACTUAL	0	88,492
JAN2011	FORECAST	0	87,295
JAN2011	RESIDUAL	0	1,197
FEB2011	ACTUAL	0	79,755
FEB2011	FORECAST	0	87,233
FEB2011	RESIDUAL	0	−7,478
MAR2011	ACTUAL	0	87,512
MAR2011	FORECAST	0	87,170
MAR2011	RESIDUAL	0	342
APR2011	ACTUAL	0	85,254
APR2011	FORECAST	0	87,108
APR2011	RESIDUAL	0	−1,854
MAY2011	ACTUAL	0	86,491
MAY2011	FORECAST	0	87,045
MAY2011	RESIDUAL	0	−554
JUN2011	ACTUAL	0	87,266
JUN2011	FORECAST	0	86,983
JUN2011	RESIDUAL	0	283
JUL2011	ACTUAL	0	91,383
JUL2011	FORECAST	0	86,549
JUL2011	RESIDUAL	0	4,834
AUG2011	ACTUAL	0	93,066
AUG2011	FORECAST	0	88,871
AUG2011	RESIDUAL	0	4,195
SEP2011	ACTUAL	0	92,497
SEP2011	FORECAST	0	88,573
SEP2011	RESIDUAL	0	3,924
OCT2011	ACTUAL	0	89,180
OCT2011	FORECAST	0	87,220
OCT2011	RESIDUAL	0	1,960
NOV2011	ACTUAL	0	84,667
NOV2011	FORECAST	0	87,308
NOV2011	RESIDUAL	0	−2,641
DEC2011	ACTUAL	0	85,243
DEC2011	FORECAST	0	86,659
DEC2011	RESIDUAL	0	−1,416
JAN2012	ACTUAL	0	87,680
JAN2012	FORECAST	0	85,716
JAN2012	RESIDUAL	0	1,964

date	_TYPE_	_LEAD_	birth
FEB2012	ACTUAL	0	81,469
FEB2012	FORECAST	0	79,268
FEB2012	RESIDUAL	0	2,201
MAR2012	ACTUAL	0	83,749
MAR2012	FORECAST	0	84,929
MAR2012	RESIDUAL	0	−1,180
APR2012	ACTUAL	0	81,718
APR2012	FORECAST	0	83,120
APR2012	RESIDUAL	0	−1,402
MAY2012	ACTUAL	0	85,841
MAY2012	FORECAST	0	86,421
MAY2012	RESIDUAL	0	−580
JUN2012	ACTUAL	0	83,451
JUN2012	FORECAST	0	87,430
JUN2012	RESIDUAL	0	−3,979
JUL2012	ACTUAL	0	90,537
JUL2012	FORECAST	0	88,428
JUL2012	RESIDUAL	0	2,109
AUG2012	ACTUAL	0	90,906
AUG2012	FORECAST	0	89,622
AUG2012	RESIDUAL	0	1,284
SEP2012	ACTUAL	0	89,758
SEP2012	FORECAST	0	89,731
SEP2012	RESIDUAL	0	27
OCT2012	ACTUAL	0	90,438
OCT2012	FORECAST	0	88,103
OCT2012	RESIDUAL	0	2,335
NOV2012	ACTUAL	0	85,577
NOV2012	FORECAST	0	85,640
NOV2012	RESIDUAL	0	−63
DEC2012	ACTUAL	0	86,107
DEC2012	FORECAST	0	86,566
DEC2012	RESIDUAL	0	−459
JAN2013	ACTUAL	0	85,853
JAN2013	FORECAST	0	86,039
JAN2013	RESIDUAL	0	−186
FEB2013	ACTUAL	0	77,066
FEB2013	FORECAST	0	80,278
FEB2013	RESIDUAL	0	−3,212
MAR2013	ACTUAL	0	82,997
MAR2013	FORECAST	0	83,031
MAR2013	RESIDUAL	0	−34
APR2013	ACTUAL	0	81,856

第5章 次期の予測

date	_TYPE_	_LEAD_	birth
APR2013	FORECAST	0	81,465
APR2013	RESIDUAL	0	391
MAY2013	ACTUAL	0	85,297
MAY2013	FORECAST	0	85,322
MAY2013	RESIDUAL	0	−25
JUN2013	ACTUAL	0	82,397
JUN2013	FORECAST	0	84,141
JUN2013	RESIDUAL	0	−1,744
JUL2013	ACTUAL	0	91,467
JUL2013	FORECAST	0	88,235
JUL2013	RESIDUAL	0	3,232
AUG2013	ACTUAL	0	92,118
AUG2013	FORECAST	0	89,560
AUG2013	RESIDUAL	0	2,558
SEP2013	ACTUAL	0	90,618
SEP2013	FORECAST	0	89,177
SEP2013	RESIDUAL	0	1,441
OCT2013	ACTUAL	0	90,667
OCT2013	FORECAST	0	88,568
OCT2013	RESIDUAL	0	2,099
NOV2013	ACTUAL	0	83,126
NOV2013	FORECAST	0	85,023
NOV2013	RESIDUAL	0	−1,897
DEC2013	ACTUAL	0	86,354
DEC2013	FORECAST	0	86,332
DEC2013	RESIDUAL	0	22
JAN2014	ACTUAL	0	83,572
JAN2014	FORECAST	0	83,924
JAN2014	RESIDUAL	0	−352
FEB2014	ACTUAL	0	73,897
FEB2014	FORECAST	0	76,831
FEB2014	RESIDUAL	0	−2,934
MAR2014	ACTUAL	0	79,340
MAR2014	FORECAST	0	82,098
MAR2014	RESIDUAL	0	−2,758
APR2014	ACTUAL	0	78,834
APR2014	FORECAST	0	80,470
APR2014	RESIDUAL	0	−1,636
MAY2014	ACTUAL	0	83,310
MAY2014	FORECAST	0	84,763
MAY2014	RESIDUAL	0	−1,453
JUN2014	ACTUAL	0	81,401

date	_TYPE_	_LEAD_	birth
JUN2014	FORECAST	0	83,306
JUN2014	RESIDUAL	0	−1,905
JUL2014	ACTUAL	0	89,516
JUL2014	FORECAST	0	88,652
JUL2014	RESIDUAL	0	864
AUG2014	ACTUAL	0	87,732
AUG2014	FORECAST	0	90,596
AUG2014	RESIDUAL	0	−2,864
SEP2014	ACTUAL	0	90,309
SEP2014	FORECAST	0	90,341
SEP2014	RESIDUAL	0	−32
OCT2014	ACTUAL	0	88,592
OCT2014	FORECAST	0	89,407
OCT2014	RESIDUAL	0	−815
NOV2014	ACTUAL	0	80,993
NOV2014	FORECAST	0	84,123
NOV2014	RESIDUAL	0	−3,130
DEC2014	ACTUAL	0	86,043
DEC2014	FORECAST	0	86,867
DEC2014	RESIDUAL	0	−824
JAN2015	ACTUAL	0	84,740
JAN2015	FORECAST	0	82,588
JAN2015	RESIDUAL	0	2,152
FEB2015	ACTUAL	0	75,989
FEB2015	FORECAST	0	76,587
FEB2015	RESIDUAL	0	−598
MAR2015	ACTUAL	0	81,942
MAR2015	FORECAST	0	81,148
MAR2015	RESIDUAL	0	794
APR2015	ACTUAL	0	83,408
APR2015	FORECAST	0	79,479
APR2015	RESIDUAL	0	3,929
MAY2015	ACTUAL	0	83,827
MAY2015	FORECAST	0	84,634
MAY2015	RESIDUAL	0	−807
JUN2015	ACTUAL	0	83,200
JUN2015	FORECAST	0	82,915
JUN2015	RESIDUAL	0	285
JUL2015	ACTUAL	0	88,612
JUL2015	FORECAST	0	86,626
JUL2015	RESIDUAL	0	1,986
AUG2015	ACTUAL	0	86,344

date	_TYPE_	_LEAD_	birth
AUG2015	FORECAST	0	86,852
AUG2015	RESIDUAL	0	−508
SEP2015	ACTUAL	0	86,832
SEP2015	FORECAST	0	88,875
SEP2015	RESIDUAL	0	−2,043
OCT2015	ACTUAL	0	85,825
OCT2015	FORECAST	0	85,374
OCT2015	RESIDUAL	0	451
NOV2015	ACTUAL	0	80,659
NOV2015	FORECAST	0	81,213
NOV2015	RESIDUAL	0	−554
DEC2015	ACTUAL	0	84,299
DEC2015	FORECAST	0	85,545
DEC2015	RESIDUAL	0	−1,246
DEC2015	FORECAST	1	82,147
DEC2015	L95	1	76,778
DEC2015	STD	1	2,739
DEC2015	U95	1	87,516
DEC2015	FORECAST	2	77,130
DEC2015	L95	2	71,741
DEC2015	STD	2	2,749
DEC2015	U95	2	82,519
DEC2015	FORECAST	3	82,521
DEC2015	L95	3	77,112
DEC2015	STD	3	2,760
DEC2015	U95	3	87,930
DEC2015	FORECAST	4	82,074
DEC2015	L95	4	76,644
DEC2015	STD	4	2,770
DEC2015	U95	4	87,504
DEC2015	FORECAST	5	83,742
DEC2015	L95	5	78,290
DEC2015	STD	5	2,781
DEC2015	U95	5	89,193
DEC2015	FORECAST	6	83,417
DEC2015	L95	6	77,943
DEC2015	STD	6	2,793
DEC2015	U95	6	88,890
DEC2015	FORECAST	7	86,050
DEC2015	L95	7	80,344
DEC2015	STD	7	2,912
DEC2015	U95	7	91,757

date	_TYPE_	_LEAD_	birth
DEC2015	FORECAST	8	85,682
DEC2015	L95	8	79,818
DEC2015	STD	8	2,992
DEC2015	U95	8	91,545
DEC2015	FORECAST	9	85,956
DEC2015	L95	9	80,070
DEC2015	STD	9	3,003
DEC2015	U95	9	91,841
DEC2015	FORECAST	10	84,023
DEC2015	L95	10	78,115
DEC2015	STD	10	3,015
DEC2015	U95	10	89,932
DEC2015	FORECAST	11	81,069
DEC2015	L95	11	75,137
DEC2015	STD	11	3,026
DEC2015	U95	11	87,001
DEC2015	FORECAST	12	83,717
DEC2015	L95	12	77,762
DEC2015	STD	12	3,039
DEC2015	U95	12	89,673

「date」と「birth」は原系列にあった変数名と同じです。1行目は変数「date」が「JAN2011」で「_TYPE_」が「ACTUAL」、「_LEAD_」が「0」で「birth」が「88,492」となっています。これは「_TYPE_」が「ACTUAL」、つまり「実測値」ということになります。したがって、この値は表5.1の1行目と同じになっています。2行目は、「date」が「JAN2011」で「_TYPE_」が「FORECAST」、つまり「予測値」となっています。その次が「date」が「JAN2011」で「_TYPE_」が「RESIDUAL」、つまり「残差」です。この残差は原系列とその予測値の残差、つまり「ACTUAL」から「FORECAST」を引いたものです。表5.2の1行目の「ACTUAL」の88,492から「FORECAST」の87,295を引くと、「RESIDUAL」の1,197になっています。

原系列の範囲である2011年1月から2015年12月までは「_LEAD_」（リード）が0で、同じ「date」で「_TYPE_」が「ACTUAL」、「FORECAST」、「RESIDUAL」の「birth」が順に出力されていることになります。

表 5.3　予測値の出力　途中部分

date	_TYPE_	_LEAD_	birth
DEC2015	ACTUAL	0	84,299
DEC2015	FORECAST	0	85,545
DEC2015	RESIDUAL	0	−1,246
DEC2015	FORECAST	1	82,147
DEC2015	L95	1	76,778
DEC2015	STD	1	2,739
DEC2015	U95	1	87,516
DEC2015	FORECAST	2	77,130
DEC2015	L95	2	71,741
DEC2015	STD	2	2,749
DEC2015	U95	2	82,519

　表5.3は表5.2の178行目から188行目部分です。実際は一番上の変数名は付いていないのですが、ないとわからないので便宜上付けてあります。3行目（実際は180行目）までは「_LEAD_」が0で、その次の行から「_LEAD_」が1、さらにその4行下からは「_LEAD_」が2になっています。表5.2を見るとわかりますが、最終的に「_LEAD_」は12まであります。その間、「date」はすべて「DEC2015」となっています。原系列の最後は「時間ID変数」である「date」が「DEC2015」で、「_LEAD_」が0です。次からは「date」が「DEC2015」のままで「_LEAD_」が1期ずつ増えていきます。つまり「date」が「DEC2015」で「_LEAD_」が1なら、2015年12月の1期リードなので2016年1月（JAN2016）ということになります。「予測オプション」ペインで「予測する間隔数」を12にしたので、出力のリードも最後は「DEC2015」で「_LEAD_」が12、つまり2016年12月（DEC2016）ということになっています。

　リード側の出力は、原系列とちょっと違います。「_TYPE_」の「FORECAST」（予測値）は同じですが、「ACTUAL」（実測値）と「RESIDUAL」（残差）はありません。原系列のリードのため実測値がないので、「ACTUAL」と「RESIDUAL」がないのは当然です。その代わり信頼限界と標準偏差があります。「_TYPE_」の「L95」は「Lower95%」、つまり下部95%信頼限界です。同様に「U95」は「Upper95%」、つまり上部95%信頼限界です。「_TYPE_」の「STD」は「Standard Deviation」、つまり標準偏差です。平均値－「STD」×1.96が「L95」、平均値＋「STD」×1.96が「U95」です。

　「_LEAD_」が0の期間なら「RESIDUAL」が小さい方が、「_LEAD_」が1以上のときは「STD」が小さい方が予測の精度は高いということになります。

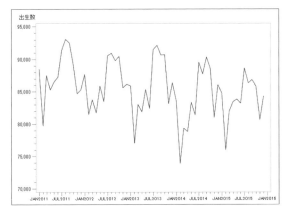

図 5.8　実測値のプロット

　図5.8は「グラフ」ペインで「実測値プロットを表示する」に指定したので出力された「実測値のプロット」です。表5.2の「_TYPE_」が「ACTUAL」のデータのプロットです。

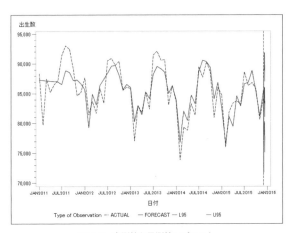

図 5.9　実測値と予測値のプロット

　図5.9は「グラフ」ペインでデフォルトになっている、「予測データプロットを表示する」グラフに、やはりデフォルトの「実測値と1ステップ先の予測値」と「予測値の信頼限界」も含めたグラフです。モノクロ印刷になってしまうと非常にわかりにくくて申し訳ないのですが、点線が実測値（ACTUAL）、実線が予測値（FORECAST）、右側の

縦の点線より右が1期のリードの予測値（FORECAST）と下部95％信頼限界（L95）、上部95％信頼限界（U95）です。右側の点線までは、表5.2の「_LEAD_」が「0」で「_TYPE_」が「ACTUAL」と「FORECAST」のプロットで、点線より右は「_LEAD_」が「1」で「_TYPE_」が「FORECAST」、「L95」、「U95」のプロットです。

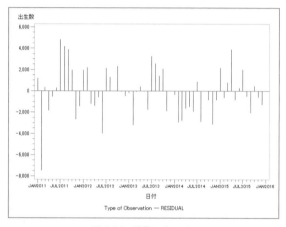

図5.10　残差のプロット

　図5.10は「グラフ」ペインで「残差」を指定したので出力された、残差プロットです。これは表5.2の「_TYPE_」が「RESIDUAL」のプロットということになります。残差のグラフは、自己相関のコレログラムと同様、X軸を時間ID変数とした棒グラフで出力されます。この上下の幅が小さいほど予測状態がよいということになります。

　予測の結果の善し悪しは、原系列のデータとその予測値の残差で把握することになります。リードの予測部分は、当てはまりのよさを検証する実際のデータがないので、原系列の部分で判断することになります。

5.2.2 ● EGで行う指数平滑化

　「基本的な時系列予測」ダイアログの「予測オプション」ペインで「予測の手法」を変更することで、指数平滑化による予測を行うことができます。予測方法の指定を行います。

図 5.11 「基本的な時系列予測」ダイアログの「予測オプション」ペイン「予測の手法」を「指数平滑化」に変更

「予測の手法」を「指数平滑化」に変更すると、「平滑化の重み」など、オプション指定が指数平滑化用になります。

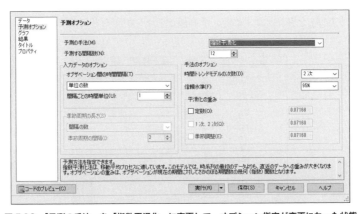

図 5.12 「予測の手法」を「指数平滑化」に変更して、オプション指定が変更になった状態

今回はデフォルトのまま分析を行うので、このままとしておきます。次に「グラフ」ペインでグラフ出力の設定を行います。

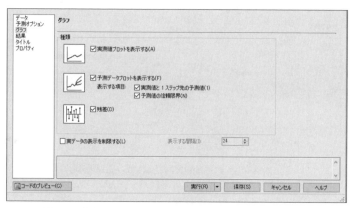

図 5.13 「グラフ」ペイン　デフォルト以外もチェックを入れた状態

デフォルトでは真ん中の「予測データプロットを表示する」にチェックが入り、さらに「表示する項目」の「実測値と1ステップ先の予測値」と「予測値の信頼限界」にチェックが入っています。ステップワイズ自己回帰のときと同様に、一番上の「実測値プロットを表示する」と下の「残差」も合わせてチェックを入れます。

これで「実行」をクリックすると、予測値とグラフが出力されます。

	date	_TYPE_	_LEAD_	birth
1	JAN2011	ACTUAL	0	88,492
2	JAN2011	FORECAST	0	86,083
3	JAN2011	RESIDUAL	0	2,409
4	FEB2011	ACTUAL	0	79,755
5	FEB2011	FORECAST	0	85,573
6	FEB2011	RESIDUAL	0	-5,818
7	MAR2011	ACTUAL	0	87,512
8	MAR2011	FORECAST	0	84,034
9	MAR2011	RESIDUAL	0	3,478
10	APR2011	ACTUAL	0	85,254
11	APR2011	FORECAST	0	85,107
12	APR2011	RESIDUAL	0	147
13	MAY2011	ACTUAL	0	86,491
14	MAY2011	FORECAST	0	86,219
15	MAY2011	RESIDUAL	0	272

図 5.14　予測値の出力（一部抜粋）

ステップワイズ自己回帰のときと同様に、原系列のデータ（ACTUAL）と、予測値（FORECAST）、残差（RESIDUAL）が最初に出力されます。

表 5.4 予測値の出力 図 5.14 と同じ部分

date	_TYPE_	_LEAD_	birth
JAN2011	ACTUAL	0	88,492
JAN2011	FORECAST	0	86,083
JAN2011	RESIDUAL	0	2,409
FEB2011	ACTUAL	0	79,755
FEB2011	FORECAST	0	85,573
FEB2011	RESIDUAL	0	-5,818
MAR2011	ACTUAL	0	87,512
MAR2011	FORECAST	0	84,034
MAR2011	RESIDUAL	0	3,478
APR2011	ACTUAL	0	85,254
APR2011	FORECAST	0	85,107
APR2011	RESIDUAL	0	147
MAY2011	ACTUAL	0	86,491
MAY2011	FORECAST	0	86,219
MAY2011	RESIDUAL	0	272

ステップワイズ自己回帰のときと同様に、出力の後半部分がリードの予測になります。

表 5.5 リード部分の予測値の出力

date	_TYPE_	_LEAD_	birth
DEC2015	FORECAST	1	101,782
DEC2015	L95	1	38,047
DEC2015	STD	1	32,519
DEC2015	U95	1	165,518
DEC2015	FORECAST	2	104,855
DEC2015	L95	2	40,169
DEC2015	STD	2	33,004
DEC2015	U95	2	169,541
DEC2015	FORECAST	3	108,068
DEC2015	L95	3	42,311
DEC2015	STD	3	33,550
DEC2015	U95	3	173,824
DEC2015	FORECAST	4	111,421
DEC2015	L95	4	44,472
DEC2015	STD	4	34,159
DEC2015	U95	4	178,371
DEC2015	FORECAST	5	114,916
DEC2015	L95	5	46,646
DEC2015	STD	5	34,832

date	_TYPE_	_LEAD_	birth
DEC2015	U95	5	183,185
DEC2015	FORECAST	6	118,550
DEC2015	L95	6	48,832
DEC2015	STD	6	35,571
DEC2015	U95	6	188,268
DEC2015	FORECAST	7	122,326
DEC2015	L95	7	51,028
DEC2015	STD	7	36,377
DEC2015	U95	7	193,623
DEC2015	FORECAST	8	126,242
DEC2015	L95	8	53,233
DEC2015	STD	8	37,250
DEC2015	U95	8	199,250
DEC2015	FORECAST	9	130,298
DEC2015	L95	9	55,446
DEC2015	STD	9	38,191
DEC2015	U95	9	205,150
DEC2015	FORECAST	10	134,495
DEC2015	L95	10	57,666
DEC2015	STD	10	39,199
DEC2015	U95	10	211,324
DEC2015	FORECAST	11	138,833
DEC2015	L95	11	59,894
DEC2015	STD	11	40,276
DEC2015	U95	11	217,772
DEC2015	FORECAST	12	143,311
DEC2015	L95	12	62,130
DEC2015	STD	12	41,420
DEC2015	U95	12	224,492

　ステップワイズ自己回帰のときと同様に、リード部分の「date」はすべて「DEC2015」となっていて、「_LEAD_」が1期ずつ増えていきます。「予測オプション」ペインで「予測する間隔数」を12にしたので、リードは1から12までになっています。出力も、「_TYPE_」の「FORECAST」(予測値)、「ACTUAL」(実測値)、「L95」(下部95％信頼限界)、「STD」(標準偏差)、「U95」(上部95％信頼限界)です。平均値－「STD」×1.96が「L95」、平均値＋「STD」×1.96が「U95」なのも同じです。

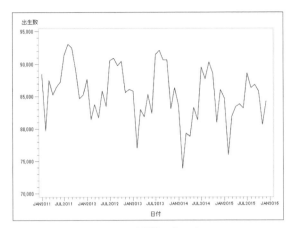

図 5.15　実測値のプロット

図5.15は「グラフ」ペインで「実測値プロットを表示する」に指定したので出力された「実測値のプロット」です。結果出力の「_TYPE_」が「ACTUAL」のデータのプロットです。

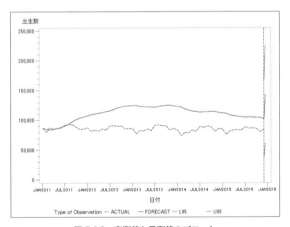

図 5.16　実測値と予測値のプロット

図5.16は「グラフ」ペインでデフォルトになっている、「予測データプロットを表示する」グラフに、やはりデフォルトの「実測値と1ステップ先の予測値」と「予測値の信頼限界」も含めたグラフです。モノクロ印刷になってしまうと非常にわかりにくくて申し訳ないのですが、点線が実測値（ACTUAL）、実線が予測値（FORECAST）、右側

の縦の点線より右が1期のリードの予測値（FORECAST）と下部95％信頼限界（L95）、上部95％信頼限界（U95）です。右側の点線までは、出力の「_LEAD_」が「0」で「_TYPE_」が「ACTUAL」と「FORECAST」のプロットで、点線より右は「_LEAD_」が「1」で「_TYPE_」が「FORECAST」、「L95」、「U95」のプロットです。

指数平滑化の予測の場合は、移動平均を使ってトレンド・サイクルを平滑化するので、今回のデータのように季節変動が予測されるものはあまり向いていません。図5.16のグラフで見てもわかるように、途中から点線の実測値（ACTUAL）と実線の予測値（FORECAST）が乖離しています。

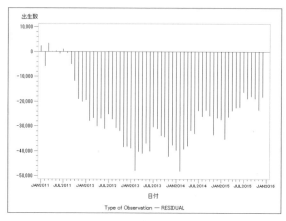

図5.17　残差のプロット

図5.17は「グラフ」ペインで「残差」を指定したので出力された、残差プロットです。出力の「_TYPE_」が「RESIDUAL」のプロットということになります。実測値と予測値のプロットのところでも説明しましたが、このモデルでは今回のような季節変動があるデータは予測しにくいので、残差プロットも非常に値が大きく、データの乖離がうかがえます。

今回は比較のため強引に指数平滑化を選択しています。決して指数平滑化による予測が劣っているわけではありません。データの傾向によって、使用できる分析手法が異なるだけです。

5.2.3 ●EGで行うWinters法（乗法型）

「5.1.3　Winters法（乗法型季節調整プロセス用）」でも説明しましたが、単純な指

数平滑化による予測は季節変動があるデータに向きません。Winters（ウィンタース）法は季節調整プロセスがあるので、季節変動があるデータの予測精度は単純な指数平滑化よりもうまくできるようになっています。

Winters法（乗法型）による予測も「基本的な時系列予測」ダイアログの「予測オプション」ペインで「予測の手法」を変更して行います。

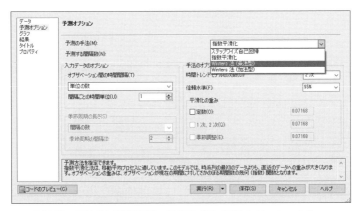

図 5.18 「基本的な時系列予測」ダイアログの「予測オプション」ペイン
「予測の手法」を「Winters 法（乗法型）」に変更

「予測の手法」を「Winters法（乗法型）」に変更すると、「季節周期の長さ」など、オプション指定がWinters法用になります。

図 5.19 「予測の手法」を「Winters 法（乗法型）」に変更して、オプション指定が変更になった状態

Winters法（乗法型）に変更すると、左下の「季節周期の長さ」がアクティブになります。ここで季節周期の長さを指定します。これは予測を行うリードの期を指定する「予測する間隔数」の指定とは独立なので注意が必要です。今回は年間での周期と仮定できるので、「季節周期の長さ」はデフォルトの「間隔の数」のままで、「季節周期の間隔」をデフォルトの「2」から「12」に変更します。

図 5.20 「季節周期の長さ」は「間隔の数」のまま、「季節周期の間隔」を「12」に変更

次に「グラフ」ペインでグラフ出力の設定を行います。

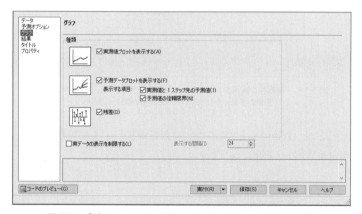

図 5.21 「グラフ」ペイン　デフォルト以外もチェックを入れた状態

デフォルトでは真ん中の「予測データプロットを表示する」にチェックが入り、さらに「表示する項目」の「実測値と1ステップ先の予測値」と「予測値の信頼限界」にチェックが入っています。他の予測手法のときと同様に、一番上の「実測値プロットを表示する」と下の「残差」も合わせてチェックを入れます。

これで「実行」をクリックすると、予測値とグラフが出力されます。

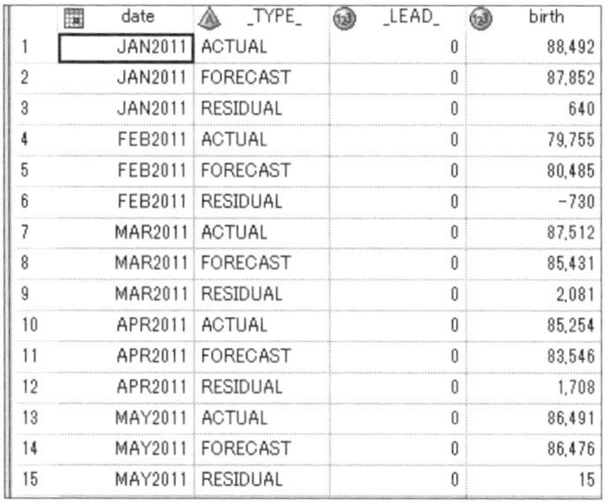

	date	_TYPE_	_LEAD_	birth
1	JAN2011	ACTUAL	0	88,492
2	JAN2011	FORECAST	0	87,852
3	JAN2011	RESIDUAL	0	640
4	FEB2011	ACTUAL	0	79,755
5	FEB2011	FORECAST	0	80,485
6	FEB2011	RESIDUAL	0	-730
7	MAR2011	ACTUAL	0	87,512
8	MAR2011	FORECAST	0	85,431
9	MAR2011	RESIDUAL	0	2,081
10	APR2011	ACTUAL	0	85,254
11	APR2011	FORECAST	0	83,546
12	APR2011	RESIDUAL	0	1,708
13	MAY2011	ACTUAL	0	86,491
14	MAY2011	FORECAST	0	86,476
15	MAY2011	RESIDUAL	0	15

図 5.22　予測値の出力（一部抜粋）

他の予測手法のときと同様に、原系列のデータ（ACTUAL）と、予測値（FORECAST）、残差（RESIDUAL）が最初に出力されます。

表 5.6　予測値の出力　図 5.22 と同じ部分

date	_TYPE_	_LEAD_	birth
JAN2011	ACTUAL	0	88,492
JAN2011	FORECAST	0	87,852
JAN2011	RESIDUAL	0	640
FEB2011	ACTUAL	0	79,755
FEB2011	FORECAST	0	80,485
FEB2011	RESIDUAL	0	−730
MAR2011	ACTUAL	0	87,512
MAR2011	FORECAST	0	85,431
MAR2011	RESIDUAL	0	2,081
APR2011	ACTUAL	0	85,254
APR2011	FORECAST	0	83,546
APR2011	RESIDUAL	0	1,708
MAY2011	ACTUAL	0	86,491
MAY2011	FORECAST	0	86,476
MAY2011	RESIDUAL	0	15

他の予測手法のときと同様に、出力の後半部分がリードの予測になります。

表 5.7 リード部分の予測値の出力

date	_TYPE_	_LEAD_	birth
DEC2015	FORECAST	1	83,551
DEC2015	L95	1	79,553
DEC2015	STD	1	2,040
DEC2015	U95	1	87,550
DEC2015	FORECAST	2	75,520
DEC2015	L95	2	71,879
DEC2015	STD	2	1,858
DEC2015	U95	2	79,161
DEC2015	FORECAST	3	80,826
DEC2015	L95	3	76,895
DEC2015	STD	3	2,006
DEC2015	U95	3	84,758
DEC2015	FORECAST	4	80,019
DEC2015	L95	4	76,088
DEC2015	STD	4	2,006
DEC2015	U95	4	83,951
DEC2015	FORECAST	5	82,506
DEC2015	L95	5	78,407
DEC2015	STD	5	2,092
DEC2015	U95	5	86,606
DEC2015	FORECAST	6	81,226
DEC2015	L95	6	77,138
DEC2015	STD	6	2,086
DEC2015	U95	6	85,314
DEC2015	FORECAST	7	87,530
DEC2015	L95	7	83,062
DEC2015	STD	7	2,280
DEC2015	U95	7	91,998
DEC2015	FORECAST	8	87,171
DEC2015	L95	8	82,652
DEC2015	STD	8	2,306
DEC2015	U95	8	91,690
DEC2015	FORECAST	9	87,180
DEC2015	L95	9	82,584
DEC2015	STD	9	2,345
DEC2015	U95	9	91,776
DEC2015	FORECAST	10	86,088
DEC2015	L95	10	81,467
DEC2015	STD	10	2,358
DEC2015	U95	10	90,709
DEC2015	FORECAST	11	80,507

date	_TYPE_	_LEAD_	birth
DEC2015	L95	11	76,101
DEC2015	STD	11	2,248
DEC2015	U95	11	84,913
DEC2015	FORECAST	12	82,862
DEC2015	L95	12	78,233
DEC2015	STD	12	2,362
DEC2015	U95	12	87,492

　他の予測手法のときと同様に、リード部分の「date」はすべて「DEC2015」となっていて、「_LEAD_」が1期ずつ増えていきます。「予測オプション」ペインで「予測する間隔数」を12にしたので、リードは1から12までになっています。出力も、「_TYPE_」の「FORECAST」(予測値)、「ACTUAL」(実測値)、「L95」(下部95％信頼限界)、「STD」(標準偏差)、「U95」(上部95％信頼限界)です。平均値－「STD」×1.96が「L95」、平均値＋「STD」×1.96が「U95」なのも同じです。

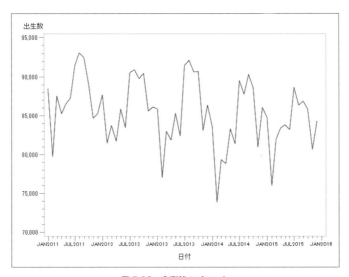

図 5.23　実測値のプロット

　図5.23は「グラフ」ペインで「実測値プロットを表示する」に指定したので出力された「実測値のプロット」です。結果出力の「_TYPE_」が「ACTUAL」のデータのプロットです。

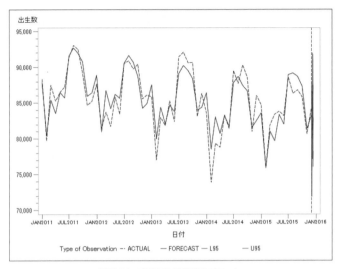

図 5.24 実測値と予測値のプロット

　図5.24は「グラフ」ペインでデフォルトになっている、「予測データプロットを表示する」グラフに、やはりデフォルトの「実測値と1ステップ先の予測値」と「予測値の信頼限界」も含めたグラフです。やはりモノクロ印刷になってしまうと非常にわかりにくくて申し訳ないのですが、点線が実測値（ACTUAL）、実線が予測値（FORECAST）、右側の縦の点線より右が1期のリードの予測値（FORECAST）と下部95％信頼限界（L95）、上部95％信頼限界（U95）です。右側の点線までは、出力の「_LEAD_」が「0」で「_TYPE_」が「ACTUAL」と「FORECAST」のプロットで、点線より右は「_LEAD_」が「1」で「_TYPE_」が「FORECAST」、「L95」、「U95」のプロットです。

　単純な指数平滑化の予測は季節変動がある時系列データには向いていませんが、Winters法は季節変動プロセスがあるので、図5.24のグラフで見てもわかるように、点線の実測値（ACTUAL）と実線の予測値（FORECAST）の乖離は少なくなっています。

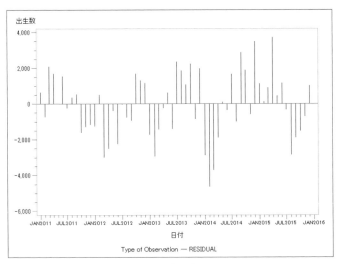

図 5.25　残差のプロット

　図5.25は「グラフ」ペインで「残差」を指定したので出力された、残差プロットです。出力の「_TYPE_」が「RESIDUAL」のプロットということになります。Y軸の値が違うので比較がしにくいですが、こちらも単純な指数平滑化のときよりはプロットの幅が小さくなっています。

5.2.4 ●EGで行うWinters法（加法型）

　「5.1.4　Winters法（加法型季節調整プロセス用）」でも説明しましたが、Winters（ウィンタース）法には乗法型と加法型があります。一応データが増減したときに、季節パターンも増減すると考えられる場合は乗法型、データの増減に季節パターンが依存しない場合は加法型という考え方はありますが、両方を試して当てはまりのよい方を選択するのが一般的ということのようです。そのため、あまりこだわらず両方やってみるというのが現実的と思われます。

　Winters法（加法型）による予測も「基本的な時系列予測」ダイアログの「予測オプション」ペインで「予測の手法」を変更して行います。

図 5.26 「基本的な時系列予測」ダイアログの「予測オプション」ペイン
「予測の手法」を「Winters 法（加法型）」に変更

「予測の手法」を「Winters法（加法型）」に変更すると、「季節周期の長さ」など、オプション指定がWinters法用になります。

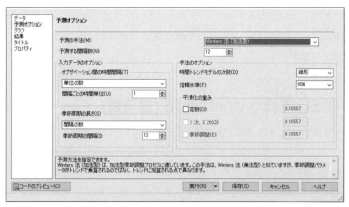

図 5.27 「予測の手法」を「Winters 法（加法型）」に変更して、オプション指定が
変更になった状態（「季節周期の間隔」を変更済み）

Winters法（加法型）に変更すると、左下の「季節周期の長さ」がアクティブになります。ここで季節周期の長さを指定します。ここは乗法型のときと同様です。なお、予測を行うリードの期を指定する「予測する間隔数」の指定とは独立なので、変更を忘れないようにします。今回は年間での周期と仮定できるので、図5.27は「季節周期の長さ」はデフォルトの「間隔の数」のままで、「季節周期の間隔」をデフォルトの「2」か

ら「12」に変更した状態になっています。

次に「グラフ」ペインでグラフ出力の設定を行います。

図 5.28 「グラフ」ペイン　デフォルト以外もチェックを入れた状態

デフォルトでは真ん中の「予測データプロットを表示する」にチェックが入り、さらに「表示する項目」の「実測値と1ステップ先の予測値」と「予測値の信頼限界」にチェックが入っています。他の予測手法のときと同様に、一番上の「実測値プロットを表示する」と下の「残差」も合わせてチェックを入れます。

これで「実行」をクリックすると、予測値とグラフが出力されます。

	date	_TYPE_	_LEAD_	birth
1	JAN2011	ACTUAL	0	88,492
2	JAN2011	FORECAST	0	87,855
3	JAN2011	RESIDUAL	0	637
4	FEB2011	ACTUAL	0	79,755
5	FEB2011	FORECAST	0	80,475
6	FEB2011	RESIDUAL	0	-720
7	MAR2011	ACTUAL	0	87,512
8	MAR2011	FORECAST	0	85,437
9	MAR2011	RESIDUAL	0	2,075
10	APR2011	ACTUAL	0	85,254
11	APR2011	FORECAST	0	83,554
12	APR2011	RESIDUAL	0	1,700
13	MAY2011	ACTUAL	0	86,491
14	MAY2011	FORECAST	0	86,474
15	MAY2011	RESIDUAL	0	17

図 5.29　予測値の出力（一部抜粋）

第 5 章 次期の予測

　他の予測手法のときと同様に、原系列のデータ (ACTUAL) と、予測値 (FORECAST)、残差 (RESIDUAL) が最初に出力されます。

表 5.8　予測値の出力　図 5.29 と同じ部分

date	_TYPE_	_LEAD_	birth
JAN2011	ACTUAL	0	88,492
JAN2011	FORECAST	0	87,855
JAN2011	RESIDUAL	0	637
FEB2011	ACTUAL	0	79,755
FEB2011	FORECAST	0	80,475
FEB2011	RESIDUAL	0	−720
MAR2011	ACTUAL	0	87,512
MAR2011	FORECAST	0	85,437
MAR2011	RESIDUAL	0	2,075
APR2011	ACTUAL	0	85,254
APR2011	FORECAST	0	83,554
APR2011	RESIDUAL	0	1,700
MAY2011	ACTUAL	0	86,491
MAY2011	FORECAST	0	86,474
MAY2011	RESIDUAL	0	17

　他の予測手法のときと同様に、出力の後半部分がリードの予測になります。

表 5.9　リード部分の予測値の出力

date	_TYPE_	_LEAD_	birth
DEC2015	FORECAST	1	83,508
DEC2015	L95	1	79,547
DEC2015	STD	1	2,021
DEC2015	U95	1	87,470
DEC2015	FORECAST	2	75,238
DEC2015	L95	2	71,249
DEC2015	STD	2	2,035
DEC2015	U95	2	79,226
DEC2015	FORECAST	3	80,687
DEC2015	L95	3	76,666
DEC2015	STD	3	2,051
DEC2015	U95	3	84,707
DEC2015	FORECAST	4	79,833
DEC2015	L95	4	75,776
DEC2015	STD	4	2,070

date	_TYPE_	_LEAD_	birth
DEC2015	U95	4	83,891
DEC2015	FORECAST	5	82,392
DEC2015	L95	5	78,291
DEC2015	STD	5	2,093
DEC2015	U95	5	86,493
DEC2015	FORECAST	6	81,073
DEC2015	L95	6	76,923
DEC2015	STD	6	2,118
DEC2015	U95	6	85,224
DEC2015	FORECAST	7	87,556
DEC2015	L95	7	83,350
DEC2015	STD	7	2,146
DEC2015	U95	7	91,763
DEC2015	FORECAST	8	87,217
DEC2015	L95	8	82,948
DEC2015	STD	8	2,178
DEC2015	U95	8	91,486
DEC2015	FORECAST	9	87,214
DEC2015	L95	9	82,876
DEC2015	STD	9	2,213
DEC2015	U95	9	91,552
DEC2015	FORECAST	10	86,093
DEC2015	L95	10	81,679
DEC2015	STD	10	2,252
DEC2015	U95	10	90,507
DEC2015	FORECAST	11	80,348
DEC2015	L95	11	75,850
DEC2015	STD	11	2,294
DEC2015	U95	11	84,845
DEC2015	FORECAST	12	82,741
DEC2015	L95	12	78,154
DEC2015	STD	12	2,340
DEC2015	U95	12	87,328

　他の予測手法のときと同様に、リード部分の「date」はすべて「DEC2015」となっていて、「_LEAD_」が1期ずつ増えていきます。「予測オプション」ペインで「予測する間隔数」を12にしたので、リードは1から12までになっています。出力も、「_TYPE_」の「FORECAST」(予測値)、「ACTUAL」(実測値)、「L95」(下部95％信頼限界)、「STD」(標準偏差)、「U95」(上部95％信頼限界)です。平均値－「STD」×1.96が「L95」、平均値＋「STD」×1.96が「U95」なのも同じです。

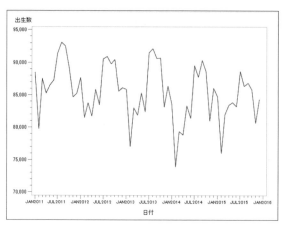

図 5.30　実測値のプロット

図5.30は「グラフ」ペインで「実測値プロットを表示する」に指定したので出力された「実測値のプロット」です。結果出力の「_TYPE_」が「ACTUAL」のデータのプロットです。

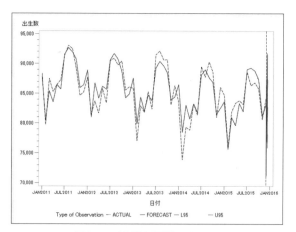

図 5.31　実測値と予測値のプロット

図5.31は「グラフ」ペインでデフォルトになっている、「予測データプロットを表示する」グラフに、やはりデフォルトの「実測値と1ステップ先の予測値」と「予測値の信頼限界」も含めたグラフです。やはりモノクロ印刷になってしまうと非常にわかりにくくて申し訳ないのですが、点線が実測値（ACTUAL）、実線が予測値（FORECAST）、

右側の縦の点線より右が1期のリードの予測値（FORECAST）と下部95％信頼限界（L95）、上部95％信頼限界（U95）です。右側の点線までは、出力の「_LEAD_」が「0」で「_TYPE_」が「ACTUAL」と「FORECAST」のプロットで、点線より右は「_LEAD_」が「1」で「_TYPE_」が「FORECAST」、「L95」、「U95」のプロットです。今回のデータでは、Winters法の乗法型と加法型であまり違いはないように見えます。

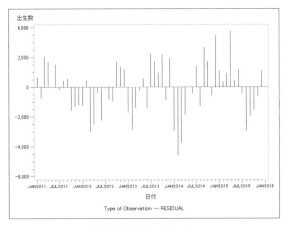

図 5.32　残差のプロット

　図5.32は「グラフ」ペインで「残差」を指定したので出力された、残差プロットです。出力の「_TYPE_」が「RESIDUAL」のプロットということになります。図5.31の「実測値と予測値のプロット」も乗法型と加法型であまり違いがなく見えたので、残差プロットも乗法型と加法型で似たようなパターンになっています。

COLUMN
当てはまりが一番よいのはどの手法か

　この章では、4つの予測手法について説明をしました。では、一番当てはまりがよいのはどれなのでしょう。指数平滑化は季節変動のある場合には向かないので除外するとして、ステップワイズ自己回帰、Winters（ウィンタース）法乗法型、Winters法加法型の3つのうち、一番当てはまりがよいのはどの手法なのでしょうか。

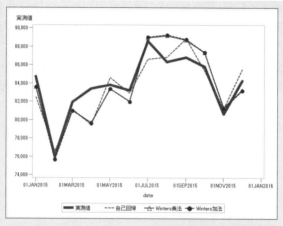

図 5.33 実測値とステップワイズ自己回帰、Winters 法乗法型、Winters 法加法型の予測値のプロット（2015 年 1 月〜12 月）

　図 5.33 は、この節で説明したステップワイズ自己回帰、Winters 法乗法型、Winters 法加法型の 2015 年 1 月から 12 月の各予測値と実測値のプロットです。モノクロ印刷だと見にくくて申し訳ないのですが、太い実線が実測値、破線がステップワイズ自己回帰、細い実線に△のマーカーが Winters 法乗法型、細い破線に●のマーカーが Winters 法加法型です。Winters 法乗法型と加法型はほぼ同じなので重なって区別がつかなくなっています。また、指数平滑化は値が違いすぎるので載せていません。

　こうして見ると、今回のデータでは Winters 法乗法型と加法型はほぼ似たような値、自己回帰は Winters 法とは少し違っているというのがわかります。今回の分析結果では、実測値と比較すると類似の部分とそうでない部分がそれぞれの手法ごとにあります。指数平滑化は別として、あとの 3 つの手法ではどの手法がよいというのは判断が難しい部分だと思います。4 月はどの手法もずれていて、自己回帰はその後 7 月と 9 月が違いが大きいです。Winters 法はどちらも 4 月以外では 8 月から 10 月の 3 期が連続でずれています。自己回帰も 7、9 の 2 ヶ月は違いが大きいのですが、8 〜 10 月のずれに着目すると自己回帰の方が当てはまりがよいと判断するのが妥当かと思われます。

　予測は、実際には存在していないリードの予測になるので、実測である部分から判断する必要があります。今回のように、各手法の結果が似ている場合は判断が難しいのも確かです。今回は紙面の都合上グラフの見やすさで 2015 年部分しかグラフとして出していませんが、全体的にグラフを作成するなどして、よりフィットしているのはどちらなのか判断するのがよいかと思います。

第6章 ARIMAモデルと予測

6.1 ARIMAとは

　時系列分析の予測モデルとしてポピュラーなものに、ARIMAというものがあります。ARIMAは、Auto Regressive Integrated Moving Averageの頭文字を取ったもので、日本語では「自己回帰和分移動平均」となります。ARIMAモデルを提唱したのは、ボックス（George Box）とジェンキンス（G.M.Jenkins）の2人なので、ボックス・ジェンキンスモデル（Box-Jenkins Model）とも呼ばれています。

　この章では、まずARIMAモデルについて説明し、次に実際のデータを使ったEGでの分析方法を説明します。

6.1.1 AR、MA、ARMAモデル

　ARIMAがAuto Regressive Integrated Moving Averageの頭文字を取ったものということは前述しましたが、これはAuto RegressiveとIntegratedとMoving Averageに分かれます。つまり「自己回帰」(Auto Regressive)、「和分」(Integrated)、「移動平均」(Moving Average) となります。ボックスとジェンキンスが提唱したのは、時系列データの予測モデルとして「自己回帰モデル」(ARモデル)と「移動平均モデル」(MAモデル) があり、それを統合した「自己回帰移動平均モデル」(ARMA) があり、さらに「自己回帰和分移動平均モデル」(ARIMA) があるという位置付けです。

　そこで、ARIMAモデルの前にAR、MA、ARMAの各モデルから見ていきましょう。

■ 自己回帰（AR：Auto Regressive）モデル

　時系列データでは、ある時点のデータはそれ以前の同じデータから推定できるとい

う考え方をします。あるデータの動きの特徴は、そのデータ自身の持っている過去の特性という考えです。これが自己回帰モデル（ARモデル）という考え方です。ARモデルは、自らの動きを自らの過去の値で説明するという考え方です。

■ 移動平均（MA：Moving Average）モデル

移動平均モデル（MAモデル）は、時系列上の各データは、過去の誤差である撹乱項（ランダムショック）に影響されているというモデルです。ARモデルがデータ自身の過去の特徴を元にしているのに対して、MAモデルは、以前のデータのランダムな誤差に現在の誤差が加わったものという、誤差を中心に考えるモデルです。

■ 自己回帰移動平均（ARMA：Auto Regressive Moving Average）モデル

自己回帰モデルに移動平均モデルを結合したモデルを、自己回帰移動平均（ARMA）モデルと呼びます。実際のデータでは、データの過去の特徴だけ、誤差だけということはあまりないので、ARMAモデルがARやMAモデルよりも一般性を持つモデルということができます。

6.1.2 ● データの定常性・非定常性と ARIMA モデル

これまでのAR、MA、ARMAの3モデルは、データの性質が時間の推移によって変化しないという定常性であることを前提としています。定常性とは、簡単にいうと「時系列データにおいて、測定の時間が変化しても、そのデータの平均値や分散が一定である」ということです。

しかし、時系列データで平均値や分散が時間とともに変動することは非常によくあります。傾向変動がある時系列データは定常ではないデータ、つまり非定常のデータということになります。実際には非定常データは非常に多いはずですが、AR、MA、ARMAの各モデルは適用できないことになります。この、非定常のデータにも適応できるモデルがARIMAモデルです。

■ 自己回帰和分移動平均（ARIMA：Auto Regressive Integrated Moving Average）モデル

非定常のデータにARMAモデルを適用するには、データを定常化する必要があります。データを定常化する方法の1つに、データの階差を取るという方法があります。この、時系列データの階差を取ってその階差時系列に対してARMAモデルを適用す

るモデルを、自己回帰和分移動平均（ARIMA：Auto Regressive Integrated Moving Average）モデルと呼びます。つまり、ARIMAモデルは非定常のデータの階差を取って定常化し、ARMAモデルを適用したものです。

定常データは不規則変動はありますが、傾向変動はなく、時間の変化でデータが変化するだけのものです。非定常データは、時間変化だけでなく、時間とともにデータの平均値や分散が変化していくものです。傾向変動がある場合はデータは非定常となりますが、経済データだけでなく医療保健系のデータも実際には非定常であるものが多いです。

6.2　EGで行うARIMAモデルの予測の実際

今回のデータは、厚生労働省の医療保険医療費データベースの「総計」のうち、2011年1月から2015年12月までのデータです。

表6.1　今回の説明用データ

TimeID	cost	TimeID	cost	TimeID	cost
2011JAN	2,843,399	2012SEP	2,843,112	2014MAY	3,088,715
2011FEB	2,787,978	2012OCT	3,138,328	2014JUN	3,071,522
2011MAR	3,055,204	2012NOV	3,029,344	2014JUL	3,188,749
2011APR	2,926,322	2012DEC	3,059,233	2014AUG	3,016,609
2011MAY	2,858,584	2013JAN	2,987,314	2014SEP	3,076,105
2011JUN	2,951,252	2013FEB	2,915,545	2014OCT	3,228,094
2011JUL	2,925,289	2013MAR	3,181,650	2014NOV	3,018,256
2011AUG	2,958,878	2013APR	3,073,711	2014DEC	3,251,984
2011SEP	2,853,237	2013MAY	3,084,289	2015JAN	3,149,285
2011OCT	2,969,790	2013JUN	2,994,556	2015FEB	3,025,931
2011NOV	2,955,824	2013JUL	3,168,876	2015MAR	3,345,890
2011DEC	3,023,374	2013AUG	3,025,162	2015APR	3,188,643
2012JAN	2,915,904	2013SEP	2,935,907	2015MAY	3,081,567
2012FEB	2,987,080	2013OCT	3,145,195	2015JUN	3,243,333
2012MAR	3,156,832	2013NOV	3,068,928	2015JUL	3,275,542
2012APR	2,906,377	2013DEC	3,123,235	2015AUG	3,123,055
2012MAY	3,002,013	2014JAN	3,055,791	2015SEP	3,119,754
2012JUN	2,982,406	2014FEB	2,956,198	2015OCT	3,347,108
2012JUL	3,033,724	2014MAR	3,242,868	2015NOV	3,176,807
2012AUG	2,985,551	2014APR	3,093,955	2015DEC	3,357,160

「時間ID変数」になる変数が「TimeID」で「年月」、「時系列変数」が「cost」で「医療費」です。なお、厚労省発表のデータに対して、著者が日付の変数を設定しています。また、厚労省発表では医療費の金額単位が円なのですが、それでは桁が大きくなりすぎるので、百万円単位にしています。表6.1の最初「2011JAN」の「2,843,399」は2011年1月の医療費が「2兆8433億9千9百万円」ということになり、最後の「2015DEC」の「3,357,160」は2015年12月の医療費が「3兆3571億6千万円」ということになります。6年間で、5000億円ぐらい増加していることになります。

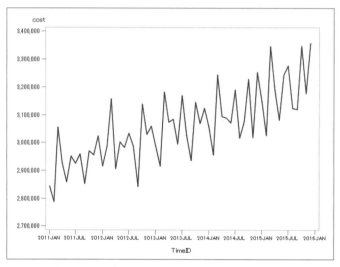

図6.1　2011年1月から2015年12月の医療費のグラフ

図6.1は表6.1のデータを、EGのグラフメニューで時系列グラフ（折れ線グラフ）にしたものです。X軸が「TimeID」、Y軸が「cost」です。

各月で上下に変動しながら、全体も上昇傾向にあることがわかると思います。このようなデータは非定常のデータということになるので、階差を取って定常化してから予測を行う、つまりARIMAモデルを適用すべきデータということになると思います。このデータは、看護大学の情報系の授業で見せているデータです。看護大学の統計の授業では時系列分析の話は原則しませんし、まして兆単位の金額の話をしても学生はピンと来ないのですが、日本の状況を話として知っておいて欲しいということで使用しているデータです。この章では、このデータで説明を行っていきます。

6.2.1 ● EGでのARIMAモデルの指定

EGでARIMAモデルの予測を行うのは、「タスク」メニューの「時系列分析」にある「ARIMAモデリングと時系列予測」です。

図6.2 「タスク」メニューの「時系列分析」にある「ARIMA モデリングと時系列予測」

「タスク」メニューの「時系列分析」にある「ARIMAモデリングと時系列予測」をクリックすると、「ARIMAモデリングと時系列予測」ダイアログの「データ」ペインが表示されます。今回は変数「TimeID」が「時間ID変数」に自動で設定されています。

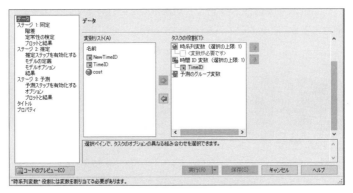

図6.3 「ARIMA モデリングと時系列予測」ダイアログの「データ」ペイン
「TimeID」が「時間 ID 変数」に自動的に設定

次に「時系列変数」に「cost」を指定します。

図 6.4 「cost」を「時系列変数」に指定

EGの「ARIMAモデリングと時系列予測」ダイアログは「データ」ペインの後が、「ステージ1:同定」「ステージ2:推定」「ステージ3:予測」となっています。このうち「ステージ1：同定」がARIMAのI、つまり「和分」の部分、すなわち定常化するための階差を指定しているステージです。「ステージ2:推定」はARとMA、つまり「自己回帰モデル」と「移動平均モデル」の指定をしているステージです。「ステージ3：予測」は予測値出力の指定ステージです。順番に説明していきます。

■「ステージ1：同定」

「ステージ1：同定 > 階差」ペインで、階差の指定を行います。デフォルトでは「応答系列の階差をとる」にチェックが入っていません。

図 6.5 「ステージ1：同定 > 階差」ペイン 「応答系列の階差をとる」にチェックは入っていない

このチェックが入っていないと、階差が計算されません。つまりこのままだと、定常データ対象のARMAモデルとなります。今回のデータは非定常のデータなので、このチェックを入れてARIMAモデルとする必要があります。

図6.6　「応答系列の階差をとる」にチェックを入れると「階差ラグ」のテキストボックスがアクティブに

チェックを入れると、「階差ラグ」のテキストボックスがアクティブになります。デフォルトでは「1」が指定されています。基本的に、ARIMAでは1階差を取ることになっているので、ここはデフォルトの「1」のままにしておきます。

次に「ステージ1：同定 > 定常性の検定」ペインで、定常性の検定を指定します。

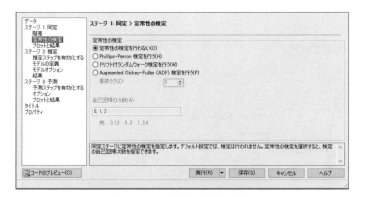

図6.7　「ステージ1：同定 > 定常性の検定」ペイン

定常性の検定は、文字通りデータが定常性であるかどうかの検定です。デフォルトでは「定常性の検定」は「定常性の検定を行わない」が選択されています。EGでは「Phillips-Perron（フィリップス-ペロン）検定」、「ドリフト付ランダムウォーク検定」、「Augmented Dickey-Fuller（ADF：拡張ディッキー-フラー）検定」の3種類の検定が選択できます。どの検定を選択しても結果はあまり変わりません。EGの定常性の検定の特徴は、帰無仮説が「データが定常ではない」（非定常である）というものです。なお、定常性の検定には帰無仮説が「データが非定常ではない」（定常である）というものもあります。しかしEGはそのタイプの検定をサポートしていないので、どの検定も帰無

仮説は「データが定常ではない」(非定常である) となります。

ここで選択する定常性の検定は、分析対象のデータに対して行われます。「ステージ1：同定 > 階差」ペインで「応答系列の階差をとる」にチェックを入れている場合は、階差を取ったデータに対して検定が行われます。チェックを入れていない場合は、階差を取っていない原系列に対して検定が行われます。

今回は、Phillips-Perron検定にしておくので、「Phillips-Perron検定を行う」にチェックを入れておきます。

図6.8　「Phillips-Perron 検定を行う」にチェック

ステージ1の指定はこれでよいので、次はステージ2の指定です。

■「ステージ2：推定」

最初は「ステージ2：推定 > 推定ステップを有効化する」ペインです。

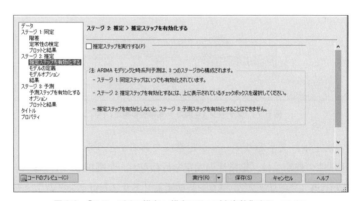

図6.9　「ステージ2：推定 > 推定ステップを有効化する」ペイン

ここにある「推定ステップを実行する」にチェックを入れないと、この後のARとMAモデルの設定と最後の予測ステップがアクティブになりません。この指定にチェックを入れないことはほぼ考えられないオプションなのですが、デフォルトではチェッ

クが入っていません。ここは、忘れずにチェックを入れます。

図6.10 「推定ステップを実行する」にチェック

「推定ステップを実行する」にチェックを入れてから、次の「ステージ2：推定 > モデルの定義」ペインで指定を行います。

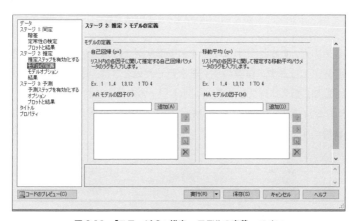

図6.11 「ステージ2：推定 > モデルの定義」ペイン

「ステージ2：推定 > モデルの定義」ペインは、左側が自己回帰、右側が移動平均の指定です。両方とも、ラグを指定します。

図6.12 「ステージ2：推定 > モデルの定義」ペインの「自己回帰」

自己回帰のラグの指定は、「ARモデルの因子」の下にあるテキストボックスに、ラグ

の値を入れます。一般的には1期のラグを取ることが多いので、今回は図6.12のように「1」にしておきます。次にテキストボックスの右にある「追加」をクリックします。

図6.13 「追加」をクリックした状態

「追加」をクリックすると、それまでテキストボックスにあった「1」が下に移動します。これで指定が完了します。複数のラグを指定したいときは、またテキストボックスに値を入れ、「追加」をクリックします。今回は「1」のみにしておきます。

同じやり方で、右側の「移動平均」の「MAモデルの因子」でラグに「1」を指定したのが、図6.14の状態です。

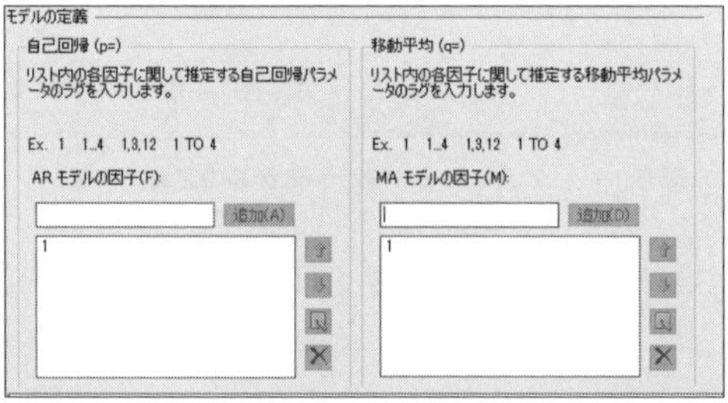

図6.14 「移動平均」の「MAモデルの因子」も指定した状態

今回はARとMA両方指定しましたが、片方だけの指定もできます。また、「ステージ1：同定 > 階差」ペインの「応答系列の階差をとる」を設定せずにARモデルとMAモデルを指定した場合は、ARMA（自己回帰移動平均）モデルになります。

ARモデル、MAモデルの設定をしたら、最後の「ステージ3」の指定です。

■「ステージ3：予測」

最初は「ステージ3：予測 > 予測ステップを有効化する」ペインです。

図 6.15 「ステージ 3：予測 > 予測ステップを有効化する」ペイン

ここも「ステージ2:推定 > 推定ステップを有効化する」ペインと同じで、「予測ステップを実行する」にチェックを入れないと予測が行われません。チェックを入れないことが考えられないオプションですが、デフォルトではチェックが入っていないので忘れずにチェックを入れます。

図 6.16 「予測ステップを実行する」にチェック

これだけでもよいのですが、出力のために「ステージ3：予測 > プロットと結果」ペインで指定を行います。

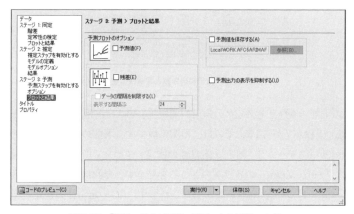

図 6.17 「ステージ 3：予測 > プロットと結果」ペイン

「ステージ3：予測 > プロットと結果」ペインは、デフォルトでは何も指定されていません。指定をしなくても分析自体は変わらないのですが、「予測プロットのオプション」で「予測値」と「残差」にチェックを入れておくと、予測値と残差がグラフ表示されます。また、「予測値を保存する」にチェックを入れると、予測値がデータシート形式で表示されます。

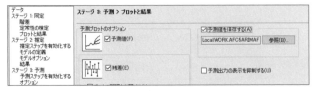

図6.18　「ステージ3：予測 > プロットと結果」ペイン
「予測プロットのオプション」で「予測値」と「残差」、および「予測値を保存する」にチェック

ここまでで「実行」をクリックすると、分析が実行されます。

6.2.2 ● EGでのARIMAモデルの出力

EGでのARIMAモデルの出力は長いものになるので、部分ごとに順に説明していきます。

ホワイトノイズの自己相関検証									
ラグ	カイ2乗	自由度	Pr > ChiSq	自己相関係数					
6	31.71	6	<.0001	-0.560	-0.091	0.266	-0.152	0.154	-0.245
12	81.95	12	<.0001	0.221	-0.186	0.235	-0.109	-0.329	0.641

Phillips-Perron Unit Root Tests					
タイプ	ラグ	Rho	Pr < Rho	Tau	Pr < Tau
Zero Mean	0	-91.0908	<.0001	-14.18	<.0001
	1	-84.7645	<.0001	-15.89	<.0001
	2	-77.1337	<.0001	-21.46	<.0001
Single Mean	0	-91.3068	0.0005	-14.16	0.0001
	1	-84.8529	0.0005	-15.95	0.0001
	2	-77.0368	0.0005	-22.14	0.0001
Trend	0	-91.3144	0.0001	-14.03	<.0001
	1	-84.8643	0.0001	-15.80	<.0001
	2	-77.0518	0.0001	-21.89	<.0001

図6.19　自己相関係数と定常性の検定

図6.19の上部「ホワイトノイズの自己相関検証」の「自己相関係数」の上段がラグ1から6まで、下段が7から12までの自己相関係数です。下部の「Phillips-Perron Unit Root Tests」が「ステージ1：同定 > 定常性の検定」ペインで指定した検定の結果です。結果自体は「Zero Mean」の各ラグのところを見ます。今回は有意確率が0.0001よりも小さい（<.0001）ので、帰無仮説が棄却されます。EGの定常性の検定の帰無仮説は

「データが定常ではない」なので、それが棄却されますから「データは定常である」ということになります。厳密には「データが定常ではないとはいえない」ということなのですが、事実上「定常である」と判断します。

今回はARIMAモデルなので、「ステージ1：同定 > 階差」ペインで、階差の指定を行いました。階差の指定を行ったデータは定常性が確保できたということになります。もし、階差の指定を行っていないとどういうことになるでしょう。

Phillips-Perron Unit Root Tests					
タイプ	ラグ	Rho	Pr < Rho	Tau	Pr < Tau
Zero Mean	0	0.1059	0.7035	0.29	0.7672
	1	0.1419	0.7120	0.59	0.8412
	2	0.1579	0.7158	1.00	0.9139
Single Mean	0	-37.2301	0.0005	-4.99	0.0002
	1	-32.6386	0.0005	-4.80	0.0003
	2	-33.8816	0.0005	-4.85	0.0002
Trend	0	-82.3028	0.0001	-11.12	< .0001
	1	-77.6431	0.0001	-11.56	< .0001
	2	-70.3336	0.0001	-12.88	< .0001

図 6.20　階差を指定していない場合の定常性の検定

階差を指定しなかった場合、図6.20の「Phillips-Perron Unit Root Tests」の「Zero Mean」を見ると、有意確率が軒並み0.7以上となっていて、帰無仮説が棄却できません。つまり「データが定常ではない」という帰無仮説が採択されることとなります。

このように、階差を取ることでデータは定常性が確保できるようになり、データの定常性が前提であるARMAモデルを適用できることになります。

今回はARのラグが1、MAのラグが1、階差が1でした。ARIMAモデルではARのラグをp、MAのラグをq、階差をdとしてARIMA(p,d,q)という表記をすることがあります。今回の場合はARIMA(1,1,1)ということになります。データによってはARとMAのラグであるp,qが2などになる場合があります。そのようにラグを変更した場合、どちらのモデルの方が当てはまりがよいかを判断する指標としてAICがあります。

定数の推定値	8506.254
分散の推定値	7.6981E9
標準誤差の推定値	87738.93
AIC	1513.446
SBC	1519.679
残差の数	59

図 6.21　AIC の出力（上から 4 番目）

AICは絶対的な値はなく、値の小さい方がモデルとしてはよりよいという考え方です。そのため、1通りしか出力しないときはあまり意味がありません。複数のモデルで比較をする際に使用します。

今回は「ステージ3：予測 > プロットと結果」ペインのオプションで「予測値を保存する」を指定しているので、予測値の出力がデータシート（出力データ）形式となっています。

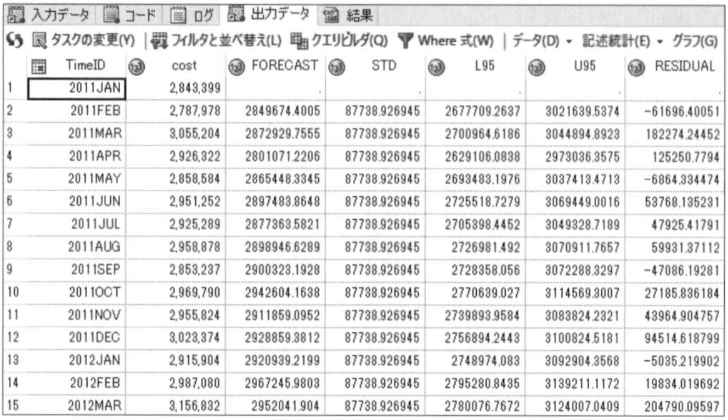

	TimeID	cost	FORECAST	STD	L95	U95	RESIDUAL
1	2011JAN	2,843,399	.	.	.	.	.
2	2011FEB	2,787,978	2849674.4005	87738.926945	2677709.2637	3021639.5374	-61696.40051
3	2011MAR	3,055,204	2872929.7555	87738.926945	2700964.6186	3044894.8923	182274.24452
4	2011APR	2,926,322	2801071.2206	87738.926945	2629106.0838	2973036.3575	125250.7794
5	2011MAY	2,858,584	2865448.3345	87738.926945	2693483.1976	3037413.4713	-6864.334474
6	2011JUN	2,951,252	2897483.8648	87738.926945	2725518.7279	3069449.0016	53768.135231
7	2011JUL	2,925,289	2877363.5821	87738.926945	2705398.4452	3049328.7189	47925.41791
8	2011AUG	2,958,878	2898946.6289	87738.926945	2726981.492	3070911.7657	59931.37112
9	2011SEP	2,853,237	2900323.1928	87738.926945	2728358.056	3072288.3297	-47086.19281
10	2011OCT	2,969,790	2942604.1638	87738.926945	2770639.027	3114569.3007	27185.836184
11	2011NOV	2,955,824	2911859.0952	87738.926945	2739893.9584	3083824.2321	43964.904757
12	2011DEC	3,023,374	2928859.3812	87738.926945	2756894.2443	3100824.5181	94514.618799
13	2012JAN	2,915,904	2920939.2199	87738.926945	2748974.083	3092904.3568	-5035.219902
14	2012FEB	2,987,080	2967245.9803	87738.926945	2795280.8435	3139211.1172	19834.019692
15	2012MAR	3,156,832	2952041.904	87738.926945	2780076.7672	3124007.0409	204790.09597

図 6.22　「出力データ」形式による予測値の出力（先頭部分）

表 6.2　図 6.22 と同じ部分

TimeID	cost	FORECAST	STD	L95	U95	RESIDUAL
2011JAN	2,843,399	.	.	.	.	.
2011FEB	2,787,978	2849674.4005	87738.926945	2677709.2637	3021639.5374	− 61696.40051
2011MAR	3,055,204	2872929.7555	87738.926945	2700964.6186	3044894.8923	182274.24452
2011APR	2,926,322	2801071.2206	87738.926945	2629106.0838	2973036.3575	125250.7794
2011MAY	2,858,584	2865448.3345	87738.926945	2693483.1976	3037413.4713	− 6864.334474
2011JUN	2,951,252	2897483.8648	87738.926945	2725518.7279	3069449.0016	53768.135231
2011JUL	2,925,289	2877363.5821	87738.926945	2705398.4452	3049328.7189	47925.41791
2011AUG	2,958,878	2898946.6289	87738.926945	2726981.492	3070911.7657	59931.37112
2011SEP	2,853,237	2900323.1928	87738.926945	2728358.056	3072288.3297	− 47086.19281
2011OCT	2,969,790	2942604.1638	87738.926945	2770639.027	3114569.3007	27185.836184
2011NOV	2,955,824	2911859.0952	87738.926945	2739893.9584	3083824.2321	43964.904757
2011DEC	3,023,374	2928859.3812	87738.926945	2756894.2443	3100824.5181	94514.618799
2012JAN	2,915,904	2920939.2199	87738.926945	2748974.083	3092904.3568	− 5035.219902
2012FEB	2,987,080	2967245.9803	87738.926945	2795280.8435	3139211.1172	19834.019692
2012MAR	3,156,832	2952041.904	87738.926945	2780076.7672	3124007.0409	204790.09597

左から順に説明します。「TimeID」は、元データにあった「時間ID変数」と同じもので今回は「年月」です。「cost」は今回の「時系列変数」で実測値です。「FORECAST」は予測値です。「STD」は予測値の標準誤差です。「L95」が予測値の下部95%信頼限界で、

予測値 − 標準誤差×1.96です。「U95」は予測値の上部95％信頼限界で、予測値＋標準誤差×1.96です。「RESIDUAL」が実測値と予測値の残差です。

表6.3 予測値終端部

TimeID	cost	FORECAST	STD	L95	U95	RESIDUAL
2016JAN	.	3199214.3425	87738.926945	3027249.2057	3371179.4794	.
2016FEB	.	3263868.9816	91001.167938	3085509.9699	3442227.9933	.
2016MAR	.	3249391.0419	92333.231813	3068421.2329	3430360.8508	.
2016APR	.	3263044.0846	92345.217137	3082050.7848	3444037.3843	.
2016MAY	.	3266696.7938	92574.697855	3085253.7201	3448139.8675	.
2016JUN	.	3273904.5395	92695.322413	3092225.0461	3455584.033	.
2016JUL	.	3279848.499	92850.311119	3097865.2332	3461831.7647	.
2016AUG	.	3286241.7241	92992.294446	3103980.1761	3468503.272	.
2016SEP	.	3292475.2389	93138.52339	3109927.0875	3475023.3903	.
2016OCT	.	3298765.5294	93282.931476	3115934.3434	3481596.7155	.
2016NOV	.	3305035.6367	93427.680298	3121920.7481	3488150.5252	.
2016DEC	.	3311312.9189	93572.004913	3127915.1593	3494710.6785	.
2017JAN	.	3317587.6505	93716.178342	3133907.3162	3501267.9848	.
2017FEB	.	3323863.2888	93860.105084	3139900.8632	3507825.7143	.
2017MAR	.	3330138.6048	94003.820419	3145894.5023	3514382.7072	.
2017APR	.	3336414.0353	94147.313195	3151888.6922	3520939.3784	.
2017MAY	.	3342689.4252	94290.58873	3157883.2672	3527495.5832	.
2017JUN	.	3348964.8295	94433.646486	3163878.2834	3534051.3755	.
2017JUL	.	3355240.2286	94576.487993	3169873.7184	3540606.7389	.
2017AUG	.	3361515.6296	94719.114037	3175869.5775	3547161.6818	.
2017SEP	.	3367791.03	94861.525659	3181865.8562	3553716.2038	.
2017OCT	.	3374066.4306	95003.723797	3187862.5535	3560270.3076	.
2017NOV	.	3380341.831	95145.709419	3193859.6673	3566823.9948	.
2017DEC	.	3386617.2316	95287.483471	3199857.1958	3573377.2673	.

　出力データの終端部は、実測値（今回はcost）がなくなり、リードの予測となります。リードはデフォルトでは24期分取ります。実測値がないので、残差（RESIDUAL）もありません。これらは、「ステージ3：予測＞プロットと結果」ペインの「予測プロットのオプション」で「予測値」と「残差」にチェックを入れているので、グラフ出力がされています。

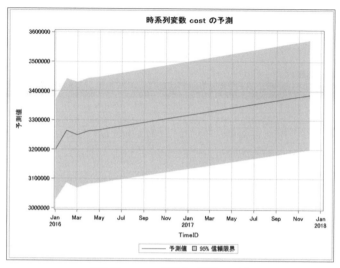

図 6.23　cost の予測（ラグ部分 24 期）

　図6.23はラグの部分の予測グラフです。これだけだとよくわからないので、実測値と一緒にしたグラフも作成されます。

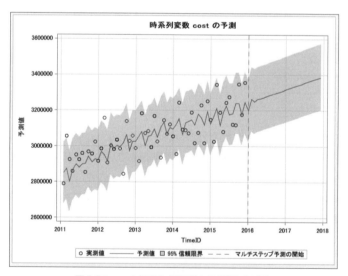

図 6.24　cost の予測（原系列とラグ部分 24 期）

X軸（時間ID変数）の2016の縦破線の左が原系列、右がラグ部分で予測値になります。原系列部分の○が実測値、折れ線グラフが今回のモデルによる予測値、色の範囲が95％範囲です。予測部分が、原系列の予測値を受けて同じような角度で上昇していることがわかります。つまり、今後特別な政策がとられない場合は、医療費はこのように増加することになると予測していることになります。24期後、つまり2017年末の医療費は、3兆3866億1千7百万円を中心に、3兆1998億5千7百万円から3兆5733億7千7百万円の間に95％の確率で存在するということになります。いずれにしろ、現在と同じ状況が続けば、医療費は平均値ベースで2015年の末より1千億円程度上昇するという予測になります。

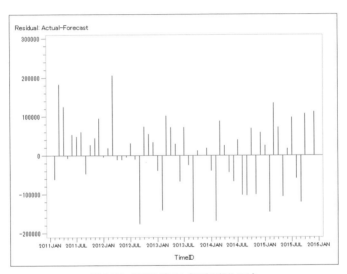

図6.25　残差のグラフ（原系列部分のみ）

図6.25は残差のグラフです。残差は平均値と予測値の差です。残差が小さい方がモデルとしては当てはまりがよいということになります。これも、単体ではなく他の条件で分析したグラフと比較するのに用いることが多いです。

第7章 自己回帰誤差付き回帰分析

7.1 回帰分析について

　EGの時系列分析メニューにある「自己回帰誤差付き回帰分析」は、時系列分析の中では珍しい多変量解析です。多変量解析というのは、多変量、すなわち複数の変数を同時に使用する分析です。

　2変数間の関係を知るには、「3.1　相関係数と偏相関係数」で説明した相関係数や偏相関係数を使うのが一般的です。相関係数は、2変数間の関係を示す指標です。回帰分析は、複数の変数を使って1つの変数を説明するという分析です。

　相関分析と回帰分析は似ている部分もありますが、分析する変数の役割に大きな違いがあります。相関分析ではすべての変数が同じ役割であるのに対して、回帰分析の場合は「説明される変数」と「説明する変数」があります。回帰分析は、「説明する変数」を使って「説明される変数」を予測する分析です。

　この章では、時系列分析ではない一般的な回帰分析について説明し、それから、時系列分析である「自己回帰誤差付き回帰分析」について説明します。

7.1.1　線形回帰分析とは

　回帰分析は、「説明する変数」を使って「説明される変数」を予測するための式を作成します。EGでは「説明する変数」を「説明変数」、「説明される変数」を「従属変数」としています。

　回帰分析のうち1次式の回帰分析を、線形回帰分析といいます。1次式は直線の式です。中学校で1次関数という名前で習った、$y=ax+b$ のような式のことです。この場合、y が従属変数で、x が説明変数です。直線ということは、単調増加、単調減少が前提になっ

ています。2次関数のように、途中までは増えるけれどそこから先は減るというような変化はしません。単純な増加、または減少の関数です。この中学校で習った$y=ax+b$のような、説明変数であるxが1つだけの回帰分析を単回帰分析といいます。

それに対して、説明変数であるxが複数ある線形回帰分析を重回帰分析と呼びます。複数の説明変数から、従属変数を予測する分析です。予測が行えるというのは、時系列分析のニーズにマッチした考え方です。線形回帰分析でどのように予測を行うのか、以下で説明したいと思います。

7.1.2 ● EGで行う線形回帰分析

ここでは、「第3章　自己相関」と同じデータで説明を行います。

表7.1　2010年1月～2015年12月　クレジットカード売上、テーマパーク売上、ボーリング場売上、百貨店売上

TimeID	Credit	ThemePark	Bowling	DepartmentStore
2010JAN	2,919,925	23,787	2,115	570,003
2010FEB	2,565,197	25,529	1,673	436,439
2010MAR	2,886,480	45,885	1,995	543,639
2010APR	2,902,714	31,886	1,600	484,663
2010MAY	2,889,960	40,602	1,750	491,236
2010JUN	2,810,559	31,892	1,538	492,456
2010JUL	2,891,213	33,756	1,569	600,223
2010AUG	2,828,954	56,660	1,623	434,668
2010SEP	2,776,088	37,524	1,468	446,331
2010OCT	2,814,132	43,630	1,438	512,129
2010NOV	3,043,180	43,085	1,425	555,658
2010DEC	3,082,109	48,367	1,727	724,676
2011JAN	2,887,197	26,098	3,352	554,181
2011FEB	2,593,344	27,820	2,654	433,257
2011MAR	2,622,489	22,968	3,228	462,471
2011APR	2,725,891	16,037	2,719	475,022
2011MAY	2,868,358	29,337	3,048	482,072
2011JUN	2,877,410	27,834	2,462	492,724
2011JUL	3,036,613	34,314	2,551	600,663
2011AUG	2,914,513	61,124	2,931	425,899
2011SEP	2,848,641	40,685	2,540	436,978
2011OCT	2,940,362	47,428	2,409	510,962
2011NOV	3,037,103	46,229	2,298	546,500
2011DEC	3,226,847	50,291	2,694	731,836
2012JAN	3,060,261	28,428	3,312	552,672

7.1 回帰分析について

TimeID	Credit	ThemePark	Bowling	DepartmentStore
2012FEB	2,780,148	27,830	2,654	433,108
2012MAR	3,041,896	49,175	3,236	527,389
2012APR	3,073,216	38,434	2,704	479,924
2012MAY	3,085,126	41,016	2,989	473,440
2012JUN	2,985,599	31,658	2,489	482,991
2012JUL	3,132,358	35,111	2,510	575,978
2012AUG	3,036,085	62,236	2,849	419,520
2012SEP	2,985,865	42,197	2,496	433,871
2012OCT	3,109,991	48,889	2,329	495,596
2012NOV	3,242,887	46,106	2,252	554,244
2012DEC	3,443,165	49,269	2,645	716,589
2013JAN	3,279,670	28,769	3,117	547,232
2013FEB	2,999,202	30,257	2,350	431,733
2013MAR	3,297,500	51,706	2,903	544,762
2013APR	3,273,029	41,456	2,408	476,718
2013MAY	3,340,118	48,182	2,582	484,794
2013JUN	3,273,507	39,213	2,244	516,766
2013JUL	3,419,794	45,565	2,191	559,709
2013AUG	3,347,856	70,193	2,622	429,101
2013SEP	3,301,234	50,355	2,285	444,355
2013OCT	3,408,911	51,362	2,152	490,766
2013NOV	3,573,446	53,506	2,139	565,426
2013DEC	3,808,517	59,969	2,483	725,779
2014JAN	3,643,604	36,861	2,900	560,040
2014FEB	3,211,771	33,821	2,172	443,094
2014MAR	4,013,602	58,388	2,981	681,880
2014APR	3,599,010	43,402	2,095	417,213
2014MAY	3,570,569	45,699	2,136	461,848
2014JUN	3,557,735	38,588	1,912	488,422
2014JUL	3,703,464	47,705	1,847	544,871
2014AUG	3,673,243	72,364	2,421	427,238
2014SEP	3,645,027	54,837	1,794	440,679
2014OCT	3,667,631	55,303	1,760	478,344
2014NOV	3,870,572	58,186	1,881	558,122
2014DEC	4,113,922	60,989	2,279	710,706
2015JAN	3,859,650	40,299	1,969	542,398
2015FEB	3,438,639	44,922	1,586	445,751
2015MAR	3,914,440	66,810	2,307	544,193
2015APR	3,860,876	47,182	1,462	472,258
2015MAY	3,925,908	52,166	1,618	488,652
2015JUN	3,792,208	42,098	1,325	487,990
2015JUL	3,932,115	51,076	1,397	561,210

TimeID	Credit	ThemePark	Bowling	DepartmentStore
2015AUG	3,914,131	73,821	1,694	436,252
2015SEP	3,834,919	58,227	1,441	446,385
2015OCT	3,923,406	61,823	1,338	497,472
2015NOV	4,040,050	54,929	1,327	541,890
2015DEC	4,336,069	62,681	1,709	709,828

このデータは、2010年1月から2015年12月までの、クレジットカード売上（Credit）、テーマパーク売上（ThemePark）、ボーリング場売上（Bowling）、百貨店売上（DepartmentStore）のデータです。クレジットカード売上、テーマパーク売上、ボーリング場売上の3つは経済産業省の特定サービス産業動態統計調査のものです。百貨店売上は、日本百貨店協会発表のデータです。ただし、日本百貨店協会発表のデータは売上が千円単位なので、著者が百万円単位に変換し、経済産業省のデータと合わせてあります。

EGで線形回帰分析を実行するには、「タスク」メニューの「回帰分析」にある「線形回帰分析」を選択します。

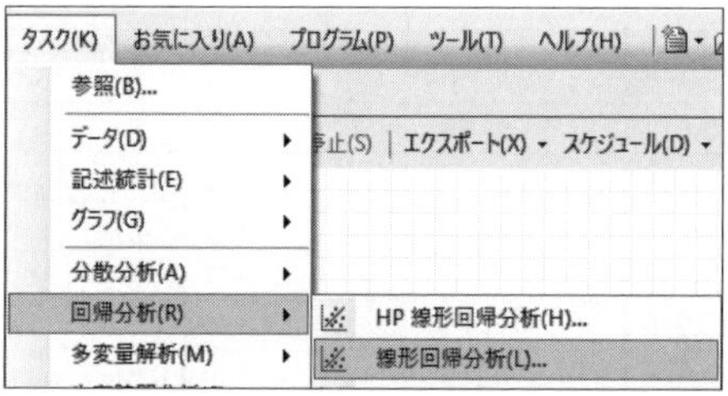

図7.1 「タスク」メニューの「回帰分析」にある「線形回帰分析」

「タスク」メニューの「回帰分析」にある「線形回帰分析」をクリックすると、「線形回帰分析」ダイアログの「データ」ペインが表示されます。ここで、データの指定を行います。

7.1 回帰分析について

図 7.2 「線形回帰分析」ダイアログの「データ」ペイン

今回は、変数「Credit」(クレジットカード売上)を他の変数で予測することにします。「タスクの役割」の「従属変数」に「Credit」を、他の変数「ThemePark」(テーマパーク売上)、「Bowling」(ボーリング場売上)、「DepartmentStore」(百貨店売上)を「説明変数」に指定します。

図 7.3 「線形回帰分析」ダイアログの「データ」ペイン データ指定済み

ここで「実行」をクリックすると、回帰分析の結果が出力されます。

変数	ラベル	自由度	パラメータ推定値	標準誤差	t 値	Pr > |t|
Intercept	Intercept	1	2054330	295529	6.95	<.0001
ThemePark	テーマパーク売上	1	19.90858	2.94857	6.75	<.0001
Bowling	ボーリング場売上	1	-156.55494	66.78065	-2.34	0.0220
DepartmentStore	百貨店売上	1	1.35136	0.44641	3.03	0.0035

図 7.4 線形回帰分析の結果出力 パラメータ推定値

線形回帰分析の出力はたくさんあるのですが、メインとなるのは図7.4の「パラメータ推定値」の表です。「パラメータ推定値」が偏回帰係数（係数）のことで、従属変数にどれだけ影響を与えているかという指標になります。

パラメータ推定値の表には、「t値」と「Pr>|t|」があります。これは、偏回帰係数の検定の結果です。偏回帰係数の検定は、「係数が0である（その変数がモデル式として役に立たない）」というのが帰無仮説です。偏回帰係数が算出されていても、検定で帰無仮説が棄却されなければ、その変数は役に立たないということになります。今回の回帰分析の結果では、「Intercept」（定数項）のほか、「ThemePark」、「Bowling」、「DepartmentStore」の各変数も「Pr>|t|」が0.05より小さいので、5％水準ではどの変数も有意、すなわち回帰分析としてはどれも意味のある変数だろうということになります。

なお、今回はこの後の「自己回帰誤差付き回帰分析」との比較のために線形回帰分析を取り上げているので、指定等はあっさりしたものになっています。EGの線形回帰分析については、本シリーズの「多変量解析編」の「第1章　線形回帰分析（重回帰分析）」で詳細を説明しています。

7.2　自己回帰誤差付き回帰分析

前節で線形回帰分析を説明しましたが、この場合、時系列データの考慮がありません。つまり、EGの時系列分析でいうところの「時間ID変数」の指定がありません。回帰分析で、時系列の考えを考慮したのがEGの「自己回帰誤差付き回帰分析」です。

7.2.1　自己回帰誤差付き回帰分析とは

回帰分析では、「時間ID変数」の指定がありません。それを可能にしたのが、この「自己回帰誤差付き回帰分析」です。データに「時間ID変数」となるものがあって、従属変数も説明変数も時系列で採取されたものです。回帰分析は、従属変数と説明変数の関連から式を求める分析です。「自己回帰誤差付き回帰分析」は、さらに従属変数自身の自己相関を考えます。つまり、時系列データで、従属変数自身が自分の過去と関連を持っていると考えます。

EGの「自己回帰誤差付き回帰分析」は、はじめに最小2乗法で回帰分析を実施します。これは、「7.1.2　EGで行う線形回帰分析」で説明したのと同じ方法です。そして、実測値と予測値の残差から自己相関部分の回帰係数を推定し、説明変数と従属変数を

変換します。これを「2段階完全変換法」といいます。そして「2段階完全変換法」を行ったデータで、再度最小2乗法の回帰分析を行います。つまり、回帰分析を一度行って、得られた予測値との差から自己相関の影響を除去した変数を作成し、その変数に対して再度回帰分析を行うということです。

7.2.2 ● EGで行う自己回帰誤差付き回帰分析

この節でも「7.1.2 EGで行う線形回帰分析」と同じデータで説明を行います。

表7.2 2010年1月〜2015年12月 クレジットカード売上、テーマパーク売上、ボーリング場売上、百貨店売上（一部抜粋）

TimeID	Credit	ThemePark	Bowling	DepartmentStore
2010JAN	2,919,925	23,787	2,115	570,003
2010FEB	2,565,197	25,529	1,673	436,439
2010MAR	2,886,480	45,885	1,995	543,639
2010APR	2,902,714	31,886	1,600	484,663
2010MAY	2,889,960	40,602	1,750	491,236
2010JUN	2,810,559	31,892	1,538	492,456
2010JUL	2,891,213	33,756	1,569	600,223
2010AUG	2,828,954	56,660	1,623	434,668
2010SEP	2,776,088	37,524	1,468	446,331
2010OCT	2,814,132	43,630	1,438	512,129
2010NOV	3,043,180	43,085	1,425	555,658
2010DEC	3,082,109	48,367	1,727	724,676
2011JAN	2,887,197	26,098	3,352	554,181
2011FEB	2,593,344	27,820	2,654	433,257
2011MAR	2,622,489	22,968	3,228	462,471

このデータは、2010年1月から2015年12月までの、クレジットカード売上(Credit)、テーマパーク売上(ThemePark)、ボーリング場売上(Bowling)、百貨店売上(DepartmentStore)のデータです。クレジットカード売上、テーマパーク売上、ボーリング場売上の3つは経済産業省の特定サービス産業動態統計調査のものです。百貨店売上は、日本百貨店協会発表のデータです。ただし、日本百貨店協会発表のデータは売上が千円単位なので、著者が百万円単位に変換し、経済産業省のデータと合わせてあります。

EGで「自己回帰誤差付き回帰分析」を実行するには、「タスク」メニューの「時系列分析」にある「自己回帰誤差付き回帰分析」を選択します。

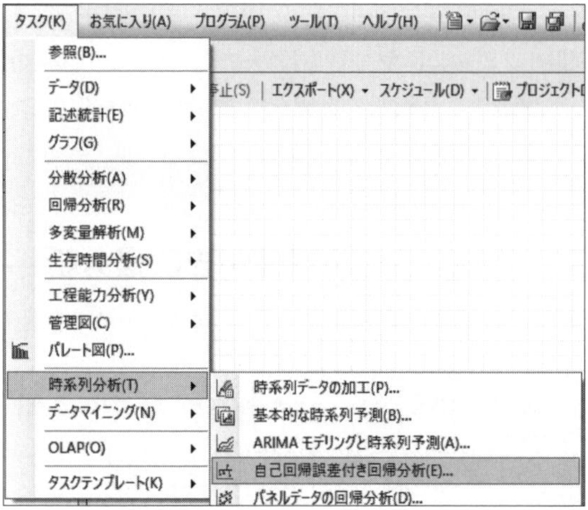

第7章 自己回帰誤差付き回帰分析

図7.5 「タスク」メニューの「時系列分析」にある「自己回帰誤差付き回帰分析」

「タスク」メニューの「時系列分析」にある「自己回帰誤差付き回帰分析」をクリックすると、「自己回帰誤差付き回帰分析」ダイアログの「データ」ペインが表示されます。今回は変数「TimeID」が「時間ID変数」に自動で設定されています。

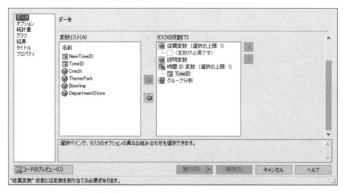

図7.6 「自己回帰誤差付き回帰分析」ダイアログの「データ」ペイン
「TimeID」が「時間ID変数」に自動的に設定

「自己回帰誤差付き回帰分析」には「タスクの役割」に「時系列変数」がなく、代わりに「従属変数」と「説明変数」があります。これは、「7.1.2 EGで行う線形回帰分析」で説明した、「線形回帰分析」ダイアログの「データ」ペインと同じです。

7.2 自己回帰誤差付き回帰分析

図7.7 「線形回帰分析」ダイアログの「データ」ペイン 「タスクの役割」に「従属変数」と「説明変数」

回帰式の x が「説明変数」で、y が「従属変数」です。今回は「7.1.2　EGで行う線形回帰分析」のときと同様に、「Credit」（クレジットカード売上）を他の変数で予測することにします。したがって、「タスクの役割」の「従属変数」に「Credit」を、他の変数「ThemePark」（テーマパーク売上）、「Bowling」（ボーリング場売上）、「DepartmentStore」（百貨店売上）を「説明変数」に指定します。

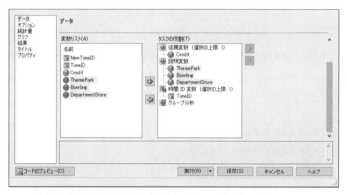

図7.8 「自己回帰誤差付き回帰分析」ダイアログの「データ」ペイン
「従属変数」「説明変数」データ指定済み

「7.1.2　EGで行う線形回帰分析」と同じですが、「従属変数」は1変数しか設定できないようになっています。「説明変数」はいくつでも指定ができます。
次に「統計量」ペインで出力の指定をします。

図 7.9 「自己回帰誤差付き回帰分析」ダイアログの「統計量」ペイン

「統計量」ペインのデフォルト指定は、「Durbin-Watson統計量」のみです。今回は「Durbin-Watson統計量」の下にある「Durbin-Watson検定の周辺確率」にもチェックを入れます。

図 7.10 「Durbin-Watson 検定の周辺確率」にもチェック

「Durbin-Watson統計量」は一般に「ダービン・ワトソン比」といわれるもので、時系列データにおいて、自己相関があるかどうかの統計量です。今回はダービン・ワトソン比の検定結果も出力するようにしておきます。これで「実行」をクリックすると、自己回帰誤差付き回帰分析が出力されます。

		パラメータ推定値			近似	
変数	自由度	推定値	標準誤差	t 値	Pr > |t|	変数ラベル
Intercept	1	2054330	295529	6.95	<.0001	
ThemePark	1	19.9086	2.9486	6.75	<.0001	テーマパーク売上
Bowling	1	-156.5549	66.7806	-2.34	0.0220	ボーリング場売上
DepartmentStore	1	1.3514	0.4464	3.03	0.0035	百貨店売上

図 7.11 「自己回帰誤差付き回帰分析」の出力 「パラメータ推定値」(最初)

「自己回帰誤差付き回帰分析」の出力も大変多いので、中心部分を説明します。はじめに、「パラメータ推定値」の表が出力されます。「線形回帰分析」でも同様の表が出力

されましたが、「自己回帰誤差付き回帰分析」ではこの表が2つ出力されます。図7.11は、そのうち最初の方です。このパラメータ推定値は、同じデータを線形回帰分析した「7.1.2　EGで行う線形回帰分析」のパラメータ推定値と同じ結果になります。

パラメータ推定値						
変数	ラベル	自由度	パラメータ推定値	標準誤差	t 値	Pr > |t|
Intercept	Intercept	1	2054330	295529	6.95	<.0001
ThemePark	テーマパーク売上	1	19.90858	2.94857	6.75	<.0001
Bowling	ボーリング 場売上	1	-156.55494	66.78065	-2.34	0.0220
DepartmentStore	百貨店売上	1	1.35136	0.44641	3.03	0.0035

図 7.12　線形回帰分析の結果出力　パラメータ推定値（7.1.2 の図 7.4 と同じ）

EGの「自己回帰誤差付き回帰分析」は、はじめに最小2乗法で回帰分析を実施し、実測値と予測値の残差から自己相関部分の回帰係数の推定値を求めて説明変数と従属変数を変換し、再度最小2乗法の回帰分析を行うと説明しました。この、はじめの最小2乗法での回帰分析部分が図7.11にあたります。したがって、この部分は「7.1.2　EGで行う線形回帰分析」のパラメータ推定値と同じになります。

自己相関係数の推定値			
ラグ	共分散	相関	-1 9 8 7 6 5 4 3 2 1 0 1 2 3 4 5 6 7 8 9 1
0	8.639E10	1.000000	| |******************** |
1	5.759E10	0.666655	| |************* |

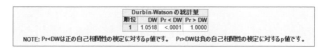

図 7.13　自己相関係数の推定値

図7.13は実測値と予測値の残差から推定した自己相関係数です。ここから、説明変数と従属変数を変換し、再度最小2乗法の回帰分析を行います。

Durbin-Watson の統計量			
順位	DW	Pr < DW	Pr > DW
1	1.0518	<.0001	1.0000

NOTE: Pr<DWは正の自己相関性の検定に対するp値です。 Pr>DWは負の自己相関性の検定に対するp値です。

図 7.14　Durbin-Watson の統計量

図7.14は「統計量」ペインでオプション指定した「Durbin-Watson検定の周辺確率」、つまりダービン・ワトソン比の検定結果です。EGの出力にも「NOTE」とあって説明書きが付いています。「Pr<DW」と「Pr>DW」があり、「Pr<DW」が成立するなら正の自己相関、「Pr>DW」が成立するなら負の自己相関ということになります。今回は5%水準（0.05）で判断する場合「Pr<DW」が「<.0001」となっているので、こちらの方が帰無仮説が棄却できる、すなわち正の自己相関があると判断できる結果になっています。

パラメータ推定値						
変数	自由度	推定値	標準誤差	t値	近似 Pr>|t|	変数ラベル
Intercept	1	2284780	150867	15.14	<.0001	
ThemePark	1	6.6299	1.7048	3.89	0.0002	テーマパーク売上
Bowling	1	-3.2220	48.8655	-0.07	0.9476	ボーリング場売上
DepartmentStore	1	1.4139	0.2179	6.49	<.0001	百貨店売上

図 7.15 「パラメータ推定値」(最後)

最後にある「パラメータ推定値」が、自己相関の推定値で変数を変換した後に再度回帰分析を行った結果です。これが最終的に求める回帰係数ということになります。

「推定値」が各変数の係数になりますが、注意すべき点は「近似Pr>|t|」という表示です。これは、係数の検定の有意確率です。5%（0.05）を有意水準とした場合に、変数「Bowling」（ボーリング場売上）は0.9476と帰無仮説が棄却できない、すなわち「Bowling」の相関係数は誤差の範囲で、算出されていても0と同じと見なされるレベルということになりました。

パラメータ推定値						
変数	ラベル	自由度	パラメータ推定値	標準誤差	t値	Pr > |t|
Intercept	Intercept	1	2054330	295529	6.95	<.0001
ThemePark	テーマパーク売上	1	19.90858	2.94857	6.75	<.0001
Bowling	ボーリング場売上	1	-156.55494	66.78065	-2.34	0.0220
DepartmentStore	百貨店売上	1	1.35136	0.44641	3.03	0.0035

図 7.16 線形回帰分析の結果出力 パラメータ推定値 (7.1.2 の図 7.4 と同じ)

図7.16の時系列でない線形回帰分析の結果では、今回使用した変数で5%水準で帰無仮説が棄却できないレベルの変数はありませんでした。ということは、時系列であることを考慮して、各変数の自己相関の影響を取り除くと、「Bowling」（ボーリング場売上）は、「Credit」（クレジットカード売上）を予測するには役に立たない変数であることがわかります。これは、通常の線形回帰分析ではわからない結果です。

このように、時系列データの場合、自己相関のように時系列であることのデータの特性を考慮すると、考慮しない場合と違った結果になることがあります。今回のデータは、データが時系列のデータである場合、このように時系列データ向けの分析をすることで、データの特徴に合った分析ができるという1つの例です。時系列分析だけではありませんが、統計解析においてはデータの特性に合わせた分析方法を選択することが大切であるという例でもあります。

第8章 パネルデータの回帰分析

8.1 パネルデータとは

EGの時系列分析メニューには、「パネルデータの回帰分析」というものがあります。これも第7章の自己回帰誤差付き回帰分析と同様に複数の変数を使う多変量解析です。ただ、扱うものがパネルデータと呼ばれる形式のものになります。この章ではパネルデータの説明をしてから、EGでのパネルデータの回帰分析の方法を説明します。

パネルデータは、クロスセクションデータと時系列データを組み合わせたものと定義されます。はじめに、これらのデータについて説明をして、パネルデータについて説明します。

8.1.1 ● クロスセクションデータ

クロスセクションデータは、訳すと「横断面」データということになります。なんだか特別な感じがしますが、それぞれのケースについて複数の項目(変数)を集めたデータということになります。以下の表は、クロスセクションデータの例です。

表8.1　クロスセクションデータの例　川崎市各区の2013年の人口動態(出生率、死亡率、婚姻率、離婚率)

区	出生率	死亡率	婚姻率	離婚率
川崎区	8.368	9.680	6.602	2.220
幸区	10.710	8.466	6.877	1.570
中原区	11.555	5.975	9.921	1.563
高津区	10.628	6.097	7.759	1.886
宮前区	9.876	5.917	5.369	1.850
多摩区	9.058	6.293	7.814	1.661
麻生区	8.641	6.258	4.859	1.359

表8.1は、著者の勤務先のある川崎市が発表している川崎市内各区の2013（平成25）年の人口動態のうち、出生率、死亡率、婚姻率、離婚率です。どれも対人口1000（該当する統計値を人口で割って1000倍）となっています。このデータは、各区について、同時期のいろいろな種類の情報を見ることができるようになっています。これがクロスセクションデータです。

要するに、通常の統計解析で使用するデータは、ほとんどの場合クロスセクションデータです。

人口動態と人口静態

人口動態は一定期間の出生、死亡、死産、婚姻、離婚についてのデータです。日本では、厚生労働省が人口動態統計調査として公表しています。基本的には1年間のデータですが、厚生労働省は毎月発表しているので、月次のデータもあります。ただし集計に時間がかかるので、データの発表は5ヶ月後になります。毎月の発表ですが5ヶ月前のデータということになります。

単純に件数や日にちだけでなく、出生なら体重、出生場所、出生時間、親の年齢、第何子であるかといったことも一緒に集められています。ちなみに、出生場所というのは病院、診療所、助産所、自宅、またはそれ以外ということです。病院と診療所の違いは、ベッド数が20以上なら病院、20未満なら診療所という解釈です。死亡の場合は死因、婚姻の場合は夫婦の年齢や初婚・再婚の別、離婚の場合は協議離婚か裁判離婚か、裁判離婚の場合はまたさらに細かく理由が分かれているので、離婚に興味がある方は調べてみるとよいでしょう。

人口動態は一定期間の統計ですが、それに対する人口静態はある一時点でのデータです。通常はある一時点の人口全体や、年齢別人口のデータです。日本においては、人口の静態データは5年に一度の国勢調査で確定します。

8.1.2 ● 時系列データ

前項の表8.1は、クロスセクションデータでした。クロスセクションデータは、いわゆる普通のデータです。ただし、時系列データが含まれていません。

表 8.2 時系列データの例 川崎市幸区の 2009 年から 2013 年の人口動態（出生率、死亡率、婚姻率、離婚率）

年	出生率	死亡率	婚姻率	離婚率
2009	7.414	1.827	10.299	8.021
2010	7.399	2.010	10.920	8.197
2011	6.977	1.838	10.518	8.319
2012	7.097	1.737	10.707	8.533
2013	6.877	1.570	10.710	8.466

表 8.2 は、著者の勤務先がある川崎市幸区の 2009 年から 2013 年の人口動態（出生率、死亡率、婚姻率、離婚率）です。表 8.1 と同様に、各率は対人口 1000 になっています。

時系列データは、基本的には同一のケース（個体）に対して、時間的に等間隔で繰り返し同じことを測定したデータです。本書は時系列分析の本なので、これまでの各章に出てきたデータは、ほとんどがこの時系列データです。

8.1.3 ● パネルデータ

パネルデータは、クロスセクションデータと時系列データの組み合わせと説明しました。実際は以下のようになります。

表 8.3 パネルデータの例 川崎市各区の 2009 年から 2013 年の人口動態（出生率、死亡率、婚姻率、離婚率）

年	区	出生率	死亡率	婚姻率	離婚率
2009	川崎区	8.306	9.260	7.385	2.732
2009	幸区	10.299	8.021	7.414	1.827
2009	中原区	11.739	5.486	10.189	1.724
2009	高津区	11.050	5.516	8.248	2.077
2009	宮前区	10.373	5.080	5.712	1.809
2009	多摩区	9.806	5.302	8.346	1.739
2009	麻生区	9.015	5.288	5.521	1.436
2010	川崎区	8.420	9.276	7.261	2.650
2010	幸区	10.920	8.197	7.399	2.010
2010	中原区	11.581	6.032	10.302	1.855
2010	高津区	10.802	5.820	8.254	2.231
2010	宮前区	9.837	4.788	8.151	1.809
2010	多摩区	9.650	5.503	5.909	1.800
2010	麻生区	8.851	6.420	5.043	1.560
2011	川崎区	8.005	9.762	6.534	2.255
2011	幸区	10.518	8.319	6.977	1.838
2011	中原区	11.234	5.909	9.760	1.508
2011	高津区	10.898	5.798	7.737	1.902
2011	宮前区	10.601	5.729	6.079	1.756

年	区	出生率	死亡率	婚姻率	離婚率
2011	多摩区	9.626	6.028	7.954	1.616
2011	麻生区	8.903	6.265	4.738	1.375
2012	川崎区	8.300	9.888	6.841	2.357
2012	幸区	10.707	8.533	7.097	1.737
2012	中原区	11.461	5.790	10.155	1.614
2012	高津区	10.589	5.814	8.086	1.802
2012	宮前区	8.954	5.770	7.420	1.713
2012	多摩区	10.531	5.638	6.093	1.664
2012	麻生区	8.652	6.352	4.721	1.498
2013	川崎区	8.368	9.680	6.602	2.220
2013	幸区	10.710	8.466	6.877	1.570
2013	中原区	11.555	5.975	9.921	1.563
2013	高津区	10.628	6.097	7.759	1.886
2013	宮前区	9.876	5.917	5.369	1.850
2013	多摩区	9.058	6.293	7.814	1.661
2013	麻生区	8.641	6.258	4.859	1.359

　表8.3から、2013年の各区のデータを取り出すと、表8.1のクロスセクションデータになります。幸区の各年のデータを取り出すと表8.2と同じ時系列データになります。つまり、特定の年だけ取り出せばクロスセクションデータ、特定の区（個体）だけを取り出せば時系列データになります。

　パネルデータは、同じ個体が複数回登場します。ただし、測定した時間が異なっています。こうすることで、同じ個体のデータの、時間が与える影響の有無を考察することができます。

　クロスセクションデータは、原則同一時点のデータです。今回の場合、川崎市は7つの区しかないので、データは表8.1のように7ケースで終わってしまいます。そこに時系列データを組み合わせることで、時系列と個体（この場合は区）の違いを考慮しつつ、クロスセクションデータよりも多いデータで予測を行うことが可能になるのです。

8.2 パネルデータの回帰分析

パネルデータを使った回帰分析は、通常のクロスセクションデータを使った回帰分析と少しだけ違いがあります。その違いについて説明し、それからEGでの分析の実際について説明します。

8.2.1 パネルデータの回帰分析の種類

パネルデータの回帰分析には種類がいくつかあります。基本的には回帰分析なので、従属変数と説明変数があります。時系列データの分析なので、時系列の変数もあります。さらにほかの回帰分析との違いとしては、クロスセクションの変数（測定している個体や対象などを示す変数）があることです。

パネルデータの回帰分析の種類の違いは、基本的にはクロスセクションと時系列が固定効果か変量効果かという違いです。この固定と変量というのがわかりにくいのですが、固定効果の方はクロスセクションや時系列の違いが違いとして固定されているというものです。要は測定している個体や対象ごとの違い、または時系列の差が従属変数に影響しているとするものです。これに対して変量効果は、クロスセクションや時系列の違いは誤差（ランダム）であるので、従属変数に影響しないという考えです。そして、クロスセクションと時系列変数のどれが固定でどれが変量なのかということで分析が分かれます。EGで行える分析には以下のものがあります。

■ **一元固定効果モデル**

クロスセクションデータが固定効果であるとするモデルです。時系列データは考慮されません。

■ **二元固定効果モデル**

クロスセクションデータと時系列データの両方が固定効果であるとするモデルです。

■ **一元変量効果モデル**

クロスセクションデータが変量効果であるとするモデルです。時系列データは考慮されません。

■ 二元変量効果モデル

クロスセクションデータと時系列データの両方が変量効果であるとするモデルです。分散成分モデルとも呼ばれます。

実際に、どのモデルがよいかというと諸説あります。経済分析の研究を見ると、固定効果で分析した方がよかろうという感じですが、状況に応じて使い分けるべきという説もあります。時系列データの回帰分析に限らず、一般的に回帰分析は変数の選択や方法などを試行錯誤的に試して、うまく説明できるモデルを探すというのが分析の一般的なやり方です。どれが正解ということはなくて、うまく説明できるモデルを見つけることが目的です。EG を使った分析でも、いろいろ試してみるのがよいかと思います。

なお、このほかに EG では「自己回帰モデル（Parks法）」という、クロスセクション間の相関を含む1次の自己回帰モデルも指定できます。

8.2.2 ● EG によるパネルデータの回帰分析の実際

では実際に、EG を使って「パネルデータの回帰分析」を説明したいと思います。以下が今回説明に使用するデータです。

表8.4　説明に使用するデータ

TimeID	ward	birthrate	marriagerate	nurseryrate	under3	over3	nursery
2009	1	8.306	7.385	188.061	172.923	201.341	1.905
2009	2	10.299	7.414	177.591	156.971	196.153	1.704
2009	3	11.739	10.189	188.464	174.213	201.183	1.888
2009	4	11.05	8.248	162.939	146.767	176.685	1.699
2009	5	10.373	5.712	119.458	112.386	125.316	1.052
2009	6	9.806	8.346	215.694	198.959	229.814	1.89
2009	7	9.015	5.521	121.259	116.495	125.062	1.098
2010	1	8.42	7.261	202.722	193.059	210.405	2.162
2010	2	10.92	7.399	194.015	173.876	211.8	1.808
2010	3	11.581	10.302	204.567	183.521	224.067	2.059
2010	4	10.802	8.254	168.719	152.398	182.615	1.894
2010	5	9.837	8.151	129.236	122.651	134.531	1.121
2010	6	9.65	5.909	239.162	222.81	253.319	2.208
2010	7	8.851	5.043	133.476	133.146	133.727	1.213
2011	1	8.005	6.534	212.324	203.005	219.323	2.336
2011	2	10.518	6.977	201	178.571	220.413	2.157
2011	3	11.234	9.76	238.336	225.471	249.635	2.398

8.2 パネルデータの回帰分析

TimeID	ward	birthrate	marriagerate	nurseryrate	under3	over3	nursery
2011	4	10.898	7.737	187.386	180.701	192.913	1.967
2011	5	10.601	6.079	139.542	134.059	143.933	1.373
2011	6	9.626	7.954	249.3	237.387	259.192	2.635
2011	7	8.903	4.738	150.023	154.31	146.765	1.396
2012	1	8.3	6.841	219.158	214.536	222.674	2.471
2012	2	10.707	7.097	210.243	191.142	226.09	2.306
2012	3	11.461	10.155	262.738	249.826	273.849	3.349
2012	4	10.589	8.086	199.716	194.482	203.974	2.502
2012	5	8.954	7.42	154.094	150.941	156.615	1.672
2012	6	10.531	6.093	264.868	261.914	267.239	2.84
2012	7	8.652	4.721	155.131	155.307	154.996	1.56
2013	1	8.368	6.602	226.276	213.84	236.272	2.464
2013	2	10.71	6.877	232.313	218.633	243.596	2.732
2013	3	11.555	9.921	273.413	260.036	284.483	3.334
2013	4	10.628	7.759	217.4	208.151	224.881	2.7
2013	5	9.876	5.369	172.414	168.801	175.229	1.934
2013	6	9.058	7.814	277.782	276.6	278.701	3.033
2013	7	8.641	4.859	174.4	176.737	172.569	1.986

これは、川崎市の出生率を、婚姻率や保育所の定員比率から予測できるかということを試そうとするデータです。このデータは、以下の変数で構成されています。

表 8.5 説明用データの変数設定

変数名	意味
TimeID	「年」のデータ 2009年から2013年まで
ward	「区」のデータ 川崎には7つの区があるので、その区を識別するデータ。 1 川崎区 2 幸区 3 中原区 4 高津区 5 宮前区 6 多摩区 7 麻生区
birthrate	「出生率」 出生数÷人口×1000 として、対人口 1000 あたりの出生率
marriagerate	「婚姻率」 婚姻数÷人口×1000 として、対人口 1000 あたりの婚姻率
nurseryrate	「保育人数比率」 保育所通所人数÷未就学児人口×1000 として、対未就学児 1000 あたりの通所者割合
under3	「3歳未満保育人数比率」 3歳未満保育所通所人数÷3歳未満の乳幼児人口×1000 として、対3歳未満乳幼児 1000 あたりの保育所通所者割合
over3	「3歳以上保育人数比率」 3歳以上保育所通所人数÷3歳以上の幼児人口×1000 として、対3歳以上幼児 1000 あたりの保育所通所者割合
nursery	「保育所数」 保育施設数÷未就学児人口×1000 として、未就学児 1000 あたりの保育所施設数

今回のデータに関しては、川崎市がWebサイト上で公開している各年度のデータを使用して、作成しています。このデータが、本当に予測できるかどうかという問題はあるのですが、それを知るためにも今回はこのデータを使って説明していきます。

第8章 パネルデータの回帰分析

EGで「パネルデータの回帰分析」を実行するには、「タスク」メニューの「時系列分析」にある「パネルデータの回帰分析」を選択します。

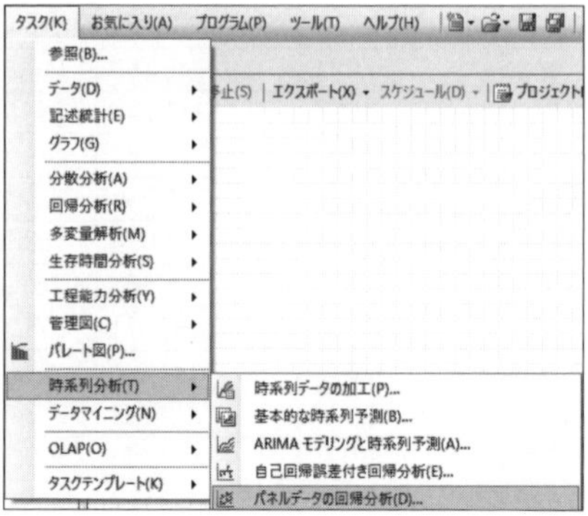

図8.1 「タスク」メニューの「時系列分析」にある「パネルデータの回帰分析」

「タスク」メニューの「時系列分析」にある「パネルデータの回帰分析」をクリックすると、「パネルデータの回帰分析」ダイアログの「データ」ペインが表示されます。

図8.2 「パネルデータの回帰分析」ダイアログの「データ」ペイン

「パネルデータの回帰分析」は、第7章の「自己回帰誤差付き回帰分析」と同様に時系列データの回帰分析です。「データ」ペインの「タスクの役割」は、時系列分析の特徴である「時間ID変数」があり、回帰分析なので「従属変数」と「説明変数」があります。そこは「自己回帰誤差付き回帰分析」と同様です。一番の違いは「タスクの役割」にある「クロス-セクションID変数」です。ここに、クロスセクションデータを指定します。

ここでは「birthrate」(出生率)を予測することとするので、「birthrate」を「従属変数」に指定します。そして説明変数には、「marriagerate」「nurseryrate」「under3」「over3」「nursery」の各変数を指定します。パネルデータの特徴である「クロス-セクションID変数」には、「ward」を指定します。そして「時間ID変数」に「TimeID」を指定します。なお、「パネルデータの回帰分析」では「時間ID変数」が自動で設定されないので忘れないように指定します。

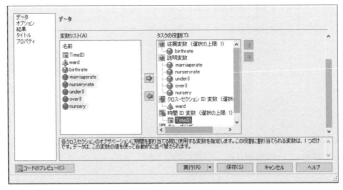

図8.3 「パネルデータの回帰分析」ダイアログの「データ」ペイン 変数を指定した状態

「自己回帰誤差付き回帰分析」と同様に、「従属変数」は1変数しか設定できないようになっていますが、「説明変数」はいくつでも指定ができます。「クロス-セクションID変数」は1つしか指定できません。

次に「オプション」ペインで、分析方法の指定を行います。

図8.4 「パネルデータの回帰分析」ダイアログの「オプション」ペイン

「オプション」ペインは、デフォルトでは「二元変量効果」モデルのみにチェックが入っています。ここでは、クロスセクションデータと時系列データの固定効果・変量効果によるモデルの違いを見たいので、「二元変量効果」以外の「一元固定効果」、「二元固定効果」、「一元変量効果」モデルにもチェックを入れます。

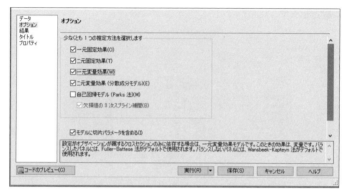

図 8.5　「パネルデータの回帰分析」ダイアログの「オプション」ペイン　モデルを指定した状態

なおオプションには、「モデルに切片パラメータを含める」というチェックボックスがあります。切片なので定数項のことです。デフォルトではチェックが入っていて、定数項があるモデルになっています。「一元固定効果」、「二元固定効果」のときにデフォルトの状態の定数項があるモデルとすると、「クロスセクションデータ」の最後のカテゴリの影響は出力されず、その値が定数項として扱われます。チェックを外して定数項がないモデルとすると、定数項がない代わりにクロスセクションデータの最後のカテゴリの影響が出力されます。ここでは、とりあえずデフォルトのまま定数項のあるモデルとしておきます。

これで「実行」をクリックすると、計算結果が出力されます。図8.5のように指定をしておくと、以下の順で結果が出力されます。

図 8.6 「パネルデータの回帰分析」の出力 「一元固定効果モデル」

はじめは「一元固定効果モデル」です。

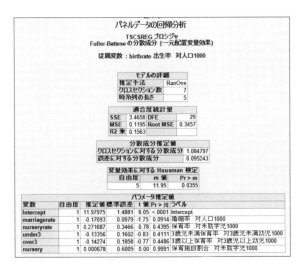

図 8.7 「パネルデータの回帰分析」の出力 「一元変量効果モデル」

次は「一元変量効果モデル」です。

図 8.8 「パネルデータの回帰分析」の出力 「二元固定効果モデル」

その次は「二元固定効果モデル」です。

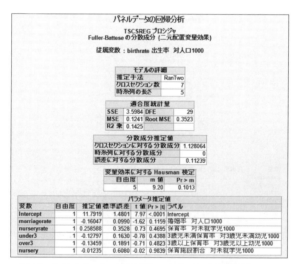

図 8.9 「パネルデータの回帰分析」の出力 「二元変量効果モデル」

最後は「二元変量効果モデル」です。

では「一元固定効果モデル」から順番に、出力内容を説明していきます。図8.6の「一元固定効果モデル」は、4つの出力に分かれています。一番上は「モデルの詳細」です。ここは以下の出力があります。

図8.10 「パネルデータの回帰分析」の出力 「一元固定効果モデル」の「モデルの詳細」

- **推定手法**：手法名が表示されます。ここは「一元固定効果モデル」なので、「FixOne」となっています。
- **クロスセクション数**：クロスセクションのカテゴリ数です。今回は「クロス-セクションID」に「ward」を指定しています。「ward」は川崎市の区を指定しているので、ここは「7」になっています。
- **時系列の長さ**：「時間ID変数」に指定した変数の期間です。今回は5年間になるので、ここは「5」になっています。

2番目は「適合度統計量」です。ここは以下の出力があります。

図8.11 「パネルデータの回帰分析」の出力 「一元固定効果モデル」の「適合度統計量」

- **SSE**：平方誤差（Sum of Squared Error）のことで、一般には残差平方和と呼ばれます。実測データ（従属変数）と推定モデルの予測値との差です。当然小さい方が望ましいです。
- **DFE**：誤差の自由度（Degree of Freedom for Error）のことです。
- **MSE**：平均平方誤差（Mean Squared Error）のことで、SSEをDFEで除したものです。SSE同様小さな値ほど、望ましい値です。
- **Root MSE**：MSEの平方根です。
- **R2乗**：R2乗値は、モデルがデータにどの程度当てはまっているかを示す指標です。R2乗値は、0から1の範囲をとり、1に近いほど望ましい値です。

SSEやMSEは、異なる説明変数の組み合わせで実行したい場合などに比較するときに用いられます。小さい方が望ましいのですが、それは比較してより小さい方が望ま

しいということになります。R2乗値は1に近い方が望ましいという基準があるので、もちろん異なる説明変数の組み合わせがあって比較するときにも使いますが、そうでないときでもわかりやすい値といえるでしょう。今回は1にかなり近い値なので、よいモデルの可能性があります。

3番目は「固定効果なしに対するF検定」です。ここには以下の出力があります。

図8.12 「パネルデータの回帰分析」の出力 「一元固定効果モデル」の「固定効果なしに対するF検定」

ここは「一元固定効果モデル」なので、クロスセクションの固定効果の検定ということになります。帰無仮説は「固定効果なし」です。「Pr>F」が「<.0001」となっているので、5%（0.05）を有意水準とした場合に帰無仮説は棄却され、固定効果はあるということになります。

> ## COLUMN
> ### 仮説検定とは
>
> 今回、「固定効果なしに対するF検定」というものが出てきました。また「7.2.2 EGで行う自己回帰誤差付き回帰分析」でもダービン・ワトソン比の検定というものがありました。
>
> 一般には「検定」や「仮説検定」と呼ばれますが、正確には「統計的仮説検定」といいます。検定には、ここで出てきたF検定やこの後の2元配置で出てくるHausman（ハウスマン）検定のほかに、t検定やχ2乗（カイ2乗）検定などいろいろな種類があります。どの検定も、各グループのデータの分布状況が同じであるとの仮定の下にその平均値の差や比率の差などを求め、それが違いがないといえるのか、いえないのかを判断します。
>
> どの検定でも「帰無仮説」という「差がない」という仮説を立てます。そしてその仮説が成立するかどうかを計算した統計値より判断します。回帰分析で用いられる検定の場合、帰無仮説が「係数が0と同じ」「固定効果が0と同じ」といった内容が帰無仮説になります。帰無仮説が棄却されれば、「係数が0でない」「固定効果が0でない」となり、係数や固定効果に意味があるという判断になります。
>
> なお検定については、本シリーズの「基本統計編」「アンケート解析編」「品質管理

編」「保健・看護統計編」でχ2乗検定やt検定など、各種の検定について触れていますので参考にしてください。

最後は「パラメータ推定値」です。ここには以下の出力があります。

変数	自由度	推定値	標準誤差	t値	Pr>|t|	ラベル
CS1	1	0.62502	0.5308	1.18	0.2510	Cross Sectional Effect 1
CS2	1	3.165203	0.6446	4.91	<.0001	Cross Sectional Effect 2
CS3	1	5.214581	0.8734	5.97	<.0001	Cross Sectional Effect 3
CS4	1	3.22708	0.4918	6.56	<.0001	Cross Sectional Effect 4
CS5	1	1.469165	0.2614	5.62	<.0001	Cross Sectional Effect 5
CS6	1	2.726996	0.7900	3.45	0.0022	Cross Sectional Effect 6
Intercept	1	11.91084	1.1284	10.56	<.0001	Intercept
marriagerate	1	-0.28366	0.0944	-3.00	0.0063	婚姻率 対人口1000
nurseryrate	1	0.399851	0.3123	1.28	0.2132	保育率 対未就学児1000
under3	1	-0.18799	0.1442	-1.30	0.2052	3歳児未満保育率 対3歳児未満幼児1000
over3	1	-0.22572	0.1680	-1.34	0.1922	3歳以上保育率 対3歳児以上幼児1000
nursery	1	0.248929	0.5710	0.44	0.6669	保育施設割合 対未就学児1000

図8.13 「パネルデータの回帰分析」の出力 「一元固定効果モデル」の「パラメータ推定値」

「変数」の「CS1」から「CS6」までが、クロスセクションデータの各カテゴリの影響になります。今回はカテゴリ数が7ですが、切片（定数項）のあるモデルにしているので、7番目の影響は定数（Intercept）として出力されています。「Intercept」より下が、説明変数で指定した各変数の推定値です。

回帰分析では、パラメータ推定値（係数）は必ず出力されます。問題はその値が意味があるかどうかということです。そのため、回帰分析ではパラメータ推定値の検定が行われています。その結果が「Pr>|t|」の値です。図8.13の結果で、5%（0.05）を有意水準とした場合に、帰無仮説が棄却されるのは「CS2」から「CS6」と「Intercept」、「marriagerate」になります。この出力の前の「固定効果なしに対するF検定」の結果からも、説明変数の影響よりもクロスセクションの影響の方が大きいようです。つまり出生率については各説明変数の影響よりも、区による差異が大きいということになります。

次に出力される「一元変量効果モデル」も見てみたいと思います。図8.7のように、「一元変量効果モデル」は5つの出力に分かれています。一番上は「モデルの詳細」です。ここは、以下の出力があります。基本的には「一元固定効果モデル」と同じです。

図8.14 「パネルデータの回帰分析」の出力 「一元変量効果モデル」の「モデルの詳細」

- **推定手法**：手法名です。ここは「一元変量効果モデル」なので、「RanOne」となっています。RanはRandomのことです。
- **クロスセクション数**：クロスセクションのカテゴリ数です。今回は「クロス-セクションID」に「ward」を指定しています。「ward」は川崎市の区を指定しているので、ここは「7」になっています。
- **時系列の長さ**：「時間ID変数」に指定した変数の期間です。今回は5年間になるので、ここは「5」になっています。

2番目は「適合度統計量」です。ここは以下の出力があります。ここも「一元固定効果モデル」と同じです。

図8.15　「パネルデータの回帰分析」の出力　「一元変量効果モデル」の「適合度統計量」

- **SSE**：平方誤差（Sum of Squared Error）です。小さい方が望ましいです。
- **DFE**：誤差の自由度（Degree of Freedom for Error）です。
- **MSE**：平均平方誤差（Mean Squared Error）のことで、SSEをDFEで除したものです。SSE同様小さな値ほど、望ましい値です。
- **Root MSE**：MSEの平方根です。
- **R2乗**：モデルがデータにどの程度当てはまっているかを示す指標で、1に近いほど望ましい値です。

一元変量効果モデルの場合、SSEが固定効果より大きいのと、なんといってもR2乗値が1からかなり離れたことになっています。モデルとしてはあまりよくない可能性が高いです。

3番目が固定モデルにはない、「分散成分推定値」です。

図8.16　「パネルデータの回帰分析」の出力　「一元変量効果モデル」の「分散成分推定値」

分散成分なので、ばらつきが少ない、すなわち値が小さい方がよいモデルとなります。

4番目は「変量効果に対するHausman検定」です。固定効果のF検定と意味は同じです。ここには以下の出力があります。

変量効果に対する Hausman 検定		
自由度	m 値	Pr > m
5	11.95	0.0355

図 8.17 「パネルデータの回帰分析」の出力 「一元変量効果モデル」の「変量効果に対する Hausman 検定」

ここは「一元変量効果モデル」なので、クロスセクションの変量効果の検定ということになります。帰無仮説は「変量効果なし」です。「Pr>m」が「0.0355」となっているので、5%（0.05）を有意水準とした場合に帰無仮説は棄却され、変量効果はあるということになります。

最後は「パラメータ推定値」です。ここには以下の出力があります。

パラメータ推定値					
変数	自由度	推定値	標準誤差	t 値	Pr > |t|	ラベル
Intercept	1	11.97975	1.4881	8.05	<.0001	Intercept
marriagerate	1	-0.17093	0.0979	-1.75	0.0914	婚姻率 対人口1000
nurseryrate	1	0.271687	0.3466	0.78	0.4395	保育率 対未就学児1000
under3	1	-0.13356	0.1602	-0.83	0.4111	3歳児未満保育率 対3歳児未満児1000
over3	1	-0.14274	0.1858	-0.77	0.4486	3歳以上保育率 対3歳以上幼児1000
nursery	1	0.000678	0.6005	0.00	0.9991	保育施設割合 対未就学児1000

図 8.18 「パネルデータの回帰分析」の出力 「一元変量効果モデル」の「パラメータ推定値」

ここはパラメータ推定値の検定結果が出力されています。その結果が「Pr>|t|」の値です。しかし 5%（0.05）を有意水準とした場合に、帰無仮説が棄却されるのは「Intercept」だけなので、回帰分析のモデルとしてはあまり役に立ちません。どうやら変量効果にした場合も、説明変数はあまり役に立たなかったようです。

ここまでは一元固定・変量モデルで、時間ID変数については考慮していません。時間ID変数を考慮しているのは、この後の二元モデルになります。はじめは二元固定効果モデルです。「二元固定効果モデル」も、「一元固定効果モデル」と同様 4 つの出力に分かれています。一番上は「モデルの詳細」です。

図 8.19 「パネルデータの回帰分析」の出力 「二元固定効果モデル」の「モデルの詳細」

- **推定手法**：手法名が表示されます。ここは「二元固定効果モデル」なので、「FixTwo」となっています。
- **クロスセクション数**：クロスセクションのカテゴリ数です。今回は「クロス-セクションID」に「ward」を指定しています。「ward」は川崎市の区を指定しているので、ここは「7」になっています。

- **時系列の長さ**:「時間ID変数」に指定した変数の期間です。今回は5年間になるので、ここは「5」になっています。

2番目は「適合度統計量」です。ここは以下の出力があります。基本的には「一元固定効果モデル」と同様です。

図8.20 「パネルデータの回帰分析」の出力 「二元固定効果モデル」の「適合度統計量」

- **SSE**:平方誤差(Sum of Squared Error)です。小さい方が望ましいです。
- **DFE**:誤差の自由度(Degree of Freedom for Error)です。
- **MSE**:平均平方誤差(Mean Squared Error)のことで、SSEをDFEで除したものです。SSE同様小さな値ほど、望ましい値です。
- **Root MSE**:MSEの平方根です。
- **R2乗**:モデルがデータにどの程度当てはまっているかを示す指標で、1に近いほど望ましい値です。

今回もR2乗値が1にかなり近い値なので、よいモデルの可能性があります。

3番目は「固定効果なしに対するF検定」です。ここには以下の出力があります。

図8.21 「パネルデータの回帰分析」の出力 「二元固定効果モデル」の「固定効果なしに対するF検定」

ここは「二元固定効果モデル」なので、クロスセクションと時系列の固定効果の検定ということになります。帰無仮説は「固定効果なし」です。「Pr>F」が「<.0001」となっているので、5%(0.05)を有意水準とした場合に帰無仮説は棄却され、固定効果はあるということになります。

最後は「パラメータ推定値」です。ここには以下の出力があります。

変数	自由度	推定値	標準誤差	t値	Pr>|t|	ラベル	
CS1	1	0.547769	0.8008	0.68	0.5022	Cross Sectional Effect	1
CS2	1	3.158776	0.8787	3.59	0.0019	Cross Sectional Effect	2
CS3	1	5.142785	1.2360	4.16	0.0005	Cross Sectional Effect	3
CS4	1	3.200495	0.6409	4.99	<.0001	Cross Sectional Effect	4
CS5	1	1.511496	0.2913	5.19	<.0001	Cross Sectional Effect	5
CS6	1	2.587812	1.2730	2.03	0.0563	Cross Sectional Effect	6
TS1	1	0.167441	0.5460	0.31	0.7624	Time Series Effect	1
TS2	1	0.192043	0.4278	0.45	0.6586	Time Series Effect	2
TS3	1	0.04838	0.3113	0.16	0.8781	Time Series Effect	3
TS4	1	-0.00692	0.2357	-0.03	0.9769	Time Series Effect	4
Intercept	1	11.58451	2.0333	5.70	<.0001	Intercept	
marriagerate	1	-0.29218	0.1037	-2.82	0.0110	婚姻率 対人口1000	
nurseryrate	1	0.419535	0.3458	1.21	0.2399	保育率 対未就学児1000	
under3	1	-0.19392	0.1595	-1.22	0.2390	3歳児未満保育率 対3歳児未満児1000	
over3	1	-0.2383	0.1865	-1.28	0.2167	3歳以上保育率 対3歳児以上幼児1000	
nursery	1	0.327158	0.7066	0.46	0.6486	保育施設割合 対未就学児1000	

図 8.22 「パネルデータの回帰分析」の出力 「二元固定効果モデル」の「パラメータ推定値」

「変数」の「CS1」から「CS6」までが、クロスセクションデータの各カテゴリの影響です。「TS1」から「TS4」は時系列（TimeSeries）の各カテゴリ（年）になります。今回はクロスセクションデータのカテゴリ数が7ですが、切片（定数項）のあるモデルにしているので、7番目の影響は定数（Intercept）として出力されています。「Intercept」より下が、説明変数で指定した各変数の推定値です。

パラメータ推定値の検定の結果が「Pr>|t|」の値です。5%（0.05）を有意水準とした場合に、帰無仮説が棄却されるのは「CS2」から「CS5」と「Intercept」、「marriagerate」になります。区の影響も有意差のない区があり、時系列の影響はあまりなさそうです。R2乗値は一元固定効果が0.9481、こちらが0.9494と、わずかながら二元固定効果モデルの方がよい結果になっています。ただ、区の影響以外はmarriagerateで、パラメータ推定値を見るとマイナスになっています。つまり婚姻率が高いと出生率は低いという結果になります。確かに、結婚する人が多いというのは、子供が生まれるのはその後なので出生率が少ないという推測ができなくはありません。

最後に「二元変量効果モデル」も見てみたいと思います。「二元変量効果モデル」も、「一元変量効果モデル」と同様に5つの出力に分かれています。一番上は「モデルの詳細」です。ここは、以下の出力があります。基本的には「二元固定効果モデル」と同じです。

図 8.23 「パネルデータの回帰分析」の出力 「二元変量効果モデル」の「モデルの詳細」

- **推定手法**：手法名です。ここは「二元変量効果モデル」なので、「RanTwo」となっています。

- **クロスセクション数**:クロスセクションのカテゴリ数です。今回は「クロス-セクションID」に「ward」を指定しています。「ward」は川崎市の区を指定しているので、ここは「7」になっています。
- **時系列の長さ**:「時間ID変数」に指定した変数の期間です。今回は5年間になるので、ここは「5」になっています。

2番目は「適合度統計量」です。ここは以下の出力があります。ここも「二元固定効果モデル」と同じです。

図8.24　「パネルデータの回帰分析」の出力　「二元変量効果モデル」の「適合度統計量」

- **SSE**:平方誤差(Sum of Squared Error)です。小さい方が望ましいです。
- **DFE**:誤差の自由度(Degree of Freedom for Error)です。
- **MSE**:平均平方誤差(Mean Squared Error)のことで、SSEをDFEで除したものです。SSE同様小さな値ほど、望ましい値です。
- **Root MSE**:MSEの平方根です。
- **R2乗**:モデルがデータにどの程度当てはまっているかを示す指標で、1に近いほど望ましい値です。

二元変量効果モデルでも、SSEが固定効果より大きいのと、R2乗値が1からかなり離れたことになっています。R2乗値は、一元変量モデルが0.1563だったのに対して、この二元変量効果モデルは0.1425とさらに低いので、モデルとしてはあまりよくない可能性が高いです。

3番目が「分散成分推定値」です。

図8.25　「パネルデータの回帰分析」の出力　「二元変量効果モデル」の「分散成分推定値」

分散成分なので、値が小さい方がよいモデルとなります。

4番目は「変量効果に対するHausman検定」です。

変量効果に対する Hausman 検定		
自由度	m 値	Pr>m
5	9.20	0.1013

図 8.26 「パネルデータの回帰分析」の出力
「二元変量効果モデル」の「変量効果に対する Hausman 検定」

ここは「二元変量効果モデル」なので、クロスセクションと時系列の変量効果の検定ということになります。帰無仮説は「変量効果なし」です。「Pr>m」が「0.1013」となっているので、5%（0.05）を有意水準とした場合に帰無仮説は棄却されません。つまりクロスセクションと時系列の変量効果はないということになります。

最後は「パラメータ推定値」です。ここには以下の出力があります。

パラメータ推定値						
変数	自由度	推定値	標準誤差	t 値	Pr>|t|	ラベル
Intercept	1	11.7919	1.4801	7.97	<.0001	Intercept
marriagerate	1	-0.16047	0.0990	-1.62	0.1159	婚姻率 対人口1000
nurseryrate	1	0.258588	0.3528	0.73	0.4695	保育率 対未就学児1000
under3	1	-0.12797	0.1630	-0.78	0.4388	3歳児未満保育率 対3歳児未満幼児1000
over3	1	-0.13459	0.1891	-0.71	0.4823	3歳以上保育率 対3歳以上幼児1000
nursery	1	-0.01235	0.6080	-0.02	0.9839	保育施設割合 対未就学児1000

図 8.27 「パネルデータの回帰分析」の出力 「二元変量効果モデル」の「パラメータ推定値」

ここもパラメータ推定値の検定結果（「Pr>|t|」）の値で、5%（0.05）を有意水準とした場合に帰無仮説が棄却されるのは「Intercept」だけです。やはり、回帰分析のモデルとしてはあまり役に立ちません。どうやら変量効果にした場合も、説明変数はあまり役に立たなかったようです。

今回は、一元配置と二元配置それぞれで固定効果と変量効果を見てきました。モデルとしては、若干ですがクロスセクションと時系列を固定効果とした二元固定効果モデルがよいということになりました。ただ、説明変数があまり役に立っていないので、分析としては考えなくてはいけません。説明変数の検定で帰無仮説が棄却されるものが少ないにもかかわらずR2乗値が大きいのは、やはりクロスセクションデータの従属変数に対する関連が大きいと考えるのが自然です。それと同時に、モデルを構築するのであれば、もう少し予測に役に立つ説明変数を考えなくてはなりません。

時系列分析に限らず、回帰分析に投入する説明変数は分析者自身が決定することができ、検定の有意水準を無視すれば、とりあえず係数であるパラメータ推定値は算出されます。その結果が意味があるかどうかはまた別問題です。解析を行う場合は、その結果に意味があるかどうかを十分に吟味しなくてはなりません。

参考文献 REFERENCES

有田帝馬　著
『入門 季節調整—基礎知識の理解から「X-12-ARIMA」の活用法まで』
東洋経済新報社

B.S.Everitt　著　清水良一　訳
『統計科学辞典』　朝倉書店

Graham Upton　Ian Cook　著　白旗慎吾　監訳
『統計学辞典』　共立出版

石村貞夫　石村友二郎　著
『入門はじめての時系列分析』　東京図書

樋口美雄　新保一成　太田清　著
『入門 パネルデータによる経済分析』　日本評論社

岩崎学　中西寛子　時岡規夫　著
『実用　統計用語事典』　オーム社

北村行伸　著
『パネルデータ分析【一橋大学経済研究叢書53】(岩波オンデマンドブックス)』
岩波書店

松原望　美添泰人　岩崎学　金明哲　竹村和久　林文　山岡和枝　編
『統計応用の百科事典』　丸善

松原望　監修　森崎初男　著
『経済データの統計学』　オーム社

宮岡悦良　吉澤敦子　著
『SASハンドブック』　共立出版

武藤眞介　著
『統計解析ハンドブック』　朝倉書店

参考文献

沖本竜義　著
『経済・ファイナンスデータの計量時系列分析（統計ライブラリー）』　朝倉書店

坂井吉良　著
『入門SASによる経済分析』　シーエーピー出版

SAS Institute Inc.
『SAS/ETS 14.2 User's Guide』　SAS Institute Inc.

芝祐順　渡部洋　石塚智一　編
『統計用語辞典』　新曜社

高岡慎　著
『経済時系列と季節調整法（統計解析スタンダード）』　朝倉書店

高柳良太　著
『SASによる統計分析　SAS Enterprise Guide ユーザーズガイド』　オーム社

高柳良太　著
『SAS Enterprise Guide　基本操作・データ編集編』　オーム社

高柳良太　著
『SAS Enterprise Guide　基本統計編』　オーム社

高柳良太　著
『SAS Enterprise Guide　アンケート解析編』　オーム社

高柳良太　著
『SAS Enterprise Guide　多変量解析編』　オーム社

高柳良太　著
『SAS Enterprise Guide　品質管理編』　オーム社

竹内啓　編
『統計学辞典』　東洋経済新報社

横内大介　青木義充　著
『現場ですぐ使える時系列データ分析 ～データサイエンティストのための基礎知識～』　技術評論社

索引 INDEX

● 記号・数字

1期 2
1次スプライン 47
2段階完全変換法 219
3次スプライン 47
12ヶ月移動平均 79
12項移動平均 22
12項移動平均と12ヶ月移動平均 23

● A

AIC 207
ARIMAモデル 195, 196
    EGで指定 199
    EGでの出力 206
    EGで予測を行う 197
ARMAモデル 195, 196
ARモデル 195, 203

● B

Box-Jenkins Model 195

● C

C (Cycle) 15, 121

● D

DFE 237, 240, 242, 244
Durbin-Watson検定の周辺確率 222, 223
Durbin-Watson統計量 222, 223

● E

Excel形式での結果出力 109
Excelファイルのインポート 112

● F

F検定 238, 242

● H

Hausman検定 240, 244

● I

I (Irregular) 15, 17, 122

● L

log 25, 85

●M

MAモデル 195, 204
MSE 237, 240, 242, 244

●P

Parks法 230
Pearsonの積率相関係数 93
Phillips-Perron検定 201, 202

●R

r 94
R2乗 240, 242, 244
Root MSE 237, 240, 242, 244

●S

S (Seasonal) 15, 16, 122
SSE 237, 240, 242, 244

●T

T (Trend) 15, 121
TC (トレンド・サイクル) 15, 121

●W

Winters法（加法型）........................ 159, 160, 161
　　　EGで行う～ 187

Winters法（乗法型）........................ 159, 160, 161
　　　EGで行う～ 180

●い

一元固定効果モデル 229, 235, 237
一元変量効果モデル 229, 235, 239
移動平均 21, 160
　　　EGで作成 71
移動平均 (MA) モデル 195, 196
インポート 112

●う

ウィンタース法 159, 181
ウィンドウのオプション 77, 79, 80

●え

エクスポート 35

●お

横断面データ 225
折れ線グラフ 56, 88

●か

回帰分析 213
　　　時系列の考えを考慮した～ 218
階差 20, 200
　　　EGで作成 65

仮説検定 238
加法型 187
　　Winters法 160, 161
加法モデル 19, 123
間隔の選択 9

●き

期間の選択 5
　　EGで行う〜 48
季節周期の長さ 182, 188
季節性の分解 119, 123
季節性の分解（加法モデル） 123
季節性の分解（乗法モデル） 141
季節成分のグラフ 135, 153
季節調整の間隔 129, 131, 136, 146, 153
季節変動 5
季節変動（S） 15, 16, 122
季節変動の周期の指定 129, 146
帰無仮説 238
共分散 93

●く

クエリビルダ 49
グラフからわかるデータの異常 91
グラフの作成 87
クロスセクションデータ 225

●け

傾向変動（T） 15, 121

原系列 15, 18, 123
検定 238

●こ

後方移動平均 24, 78
後方ウィンドウ 78, 80
固定効果なしに対するF検定 238, 242
古典的分解 127, 133, 144
コレログラム 108
　　自己相関係数 108, 116
　　偏自己相関係数 117

●さ

残差 165, 176, 182, 189
残差のグラフ 211
残差プロット 174, 180, 187, 193
残差平方和 237

●し

時間ID変数 27, 218
時間ID変数の作成と加工 28
時間IDを使った時系列変数の編集 35
次期の予測 159
　　EGで行う〜 161
時系列グラフの作成 87
時系列データ 226
時系列データのエクスポート 35
時系列データの加工・編集 48
時系列データの傾向 119

索引

時系列データの構成 15, 121
時系列データの準備 27
時系列プロット 41, 130, 147
時系列分析の考え方 1
時系列変数 27, 35
自己回帰（AR）モデル 195
自己回帰移動平均（ARMA）モデル 195, 196
自己回帰誤差付き回帰分析 104, 218
　　EGで行う〜 219
自己回帰モデル（Parks法） 230
自己回帰和分移動平均（ARIMA）モデル
 .... 195, 196
自己相関係数 102
　　EGで算出 103
自己相関係数のコレログラム 108, 116
指数平滑化 159, 160
　　EGで行う〜 174
実測値プロット
 .... 165, 173, 176, 179, 182, 185, 189, 192
シフト 91
重回帰分析 214
従属変数 213
循環変動（C） 15, 121
小数点以下の桁数 152
小数点以下を表示させる 151
乗法型 180
　　Winters法 160, 161
乗法モデル 19, 123, 141
人口静態 226
人口動態 226

● す

ステップ関数 47
ステップワイズ自己回帰 159
　　EGで行う〜 162

● せ

正の相関 94
説明変数 213
線形回帰分析 213
　　EGで行う〜 214
前方移動平均 24, 78
前方ウィンドウ 78

● そ

相関係数 93
　　EGで算出 95
相関係数行列 98
測定間隔の選択 9

● た

ダービン・ワトソン比 222
ダービン・ワトソン比の検定結果 222, 223
第1次ベビーブーム 6
第2次ベビーブーム 6
対数変換 25
　　EGで行う〜 81
単回帰分析 214
団塊ジュニア 6

団塊の世代 6
単純移動平均 24

● ち

中心移動平均 24, 78
中心ウィンドウ 77, 78, 79, 80
中心化移動平均 24, 79
長期変動 15

● て

定常性 21, 196
定常性の検定 201
定常データ 21
データ期間の選択 5
　　EGで行う〜 48
データの異常 91
データのシフト 91
データの補間 43
　　EGで指定できる補間方法 47
　　補間をしない 60, 67, 73, 84, 125, 142
適合度統計量 237, 240, 242, 244

● と

等間隔でデータが得られない場合 43
統計的仮説検定 238
トレンド 15
トレンド・サイクル（TC） 15, 121
トレンド・サイクル成分の時系列グラフ
　.. 132, 148

● に

二元固定効果モデル 229, 236, 241
二元変量効果モデル 230, 236, 237, 243

● の

ノイズ 17

● は

パネルデータ 225, 227
パネルデータの回帰分析 229
　　EGによる〜 230
パネルデータの回帰分析の種類 229
パラメータ推定値
　......... 217, 222, 223, 224, 239, 241, 242, 245

● ひ

ピアソンの積率相関係数 93
非定常データ 21, 196
丙午（ひのえうま） 8
標準偏差 94

● ふ

ファイルのエクスポート 35
フィリップス-ペロン検定 201
フィルタの作成 50
不規則な成分のグラフ 139, 156
不規則変動（I） 15, 17, 122

負の相関 94
分散成分推定値 240
分散成分モデル 230

● へ

ベビーブーム 6
偏差 94
偏差積 94
偏差積和 94
偏自己相関係数 102
　　EGで算出 103
偏自己相関係数のコレログラム 117
偏相関 99
偏相関係数 99
　　EGで算出 100
変量効果に対するHausman検定 240, 244

● ほ

棒グラフ 108, 114
補間 43
　　EGで指定できる補間方法 47
　　補間をしない 60, 67, 73, 84, 125, 142
ボックス・ジェンキンスモデル 195
ホワイトノイズ 18
ホワイトノイズの自己相関検証 206

● む

無相関 94

● よ

予測値の信頼限界
　......... 165, 173, 176, 179, 182, 186, 189, 192
予測データプロット
　......... 165, 173, 176, 179, 182, 186, 189, 192

● ら

ラグ 19
　　EGで作成 59
ラグとの差 20
ラグとの相関 102
ラグの差 68

● り

リード 20

〈著者略歴〉
高柳 良太 （たかやなぎ　りょうた）
1968 年　東京都国分寺市生まれ
東京学芸大学教育学部卒業
東京学芸大学大学院教育学研究科修士課程修了　修士（教育学）
システム開発会社 SE、統計ソフトウェア会社コンサルタント
國學院大學経済学部兼任講師、人間総合科学大学保健医療学部兼任講師を経て
現在　川崎市立看護短期大学准教授（統計学・看護情報学）
東京医科大学医学部看護学科・東京有明医療大学看護学部兼任講師

〈著書〉
『SAS による統計分析　SAS Enterprise Guide ユーザーズガイド』（オーム社、2008 年）
『SAS Enterprise Guide　基本操作・データ編集編』（オーム社、2014 年）
『SAS Enterprise Guide　基本統計編』（オーム社、2014 年）
『SAS Enterprise Guide　アンケート解析編』（オーム社、2014 年）
『SAS Enterprise Guide　多変量解析編』（オーム社、2014 年）
『SAS Enterprise Guide　Enterprise Guide + Enterprise Miner 顧客分析編』
（オーム社、2016 年）
『SAS Enterprise Guide　品質管理編』（オーム社、2016 年）
『SAS Enterprise Guide　保健・看護統計編』（オーム社、2016 年）

- 本書の内容に関する質問は、オーム社書籍編集局「（書名を明記）」係宛に、書状または FAX（03-3293-2824）、E-mail（shoseki@ohmsha.co.jp）にてお願いします。お受けできる質問は本書で紹介した内容に限らせていただきます。なお、電話での質問にはお答えできませんので、あらかじめご了承ください。
- 万一、落丁・乱丁の場合は、送料当社負担でお取替えいたします。当社販売課宛にお送りください。
- 本書の一部の複写複製を希望される場合は、本書扉裏を参照してください。
[JCOPY]＜(社)出版者著作権管理機構　委託出版物＞

SAS Enterprise Guide 時系列分析編

平成 29 年 2 月 20 日　　第 1 版第 1 刷発行

監　　修　SAS Institute Japan
著　　者　高　柳　良　太
発　行　者　村　上　和　夫
発　行　所　株式会社　オーム社
　　　　　　郵便番号　101-8460
　　　　　　東京都千代田区神田錦町 3-1
　　　　　　電話　03(3233)0641（代表）
　　　　　　URL http://www.ohmsha.co.jp/

© 高柳良太 2017

組版　トップスタジオ　印刷・製本　凸版印刷
ISBN978-4-274-22003-6　Printed in Japan

関連書籍のご案内

SAS Enterprise Guide Series

●SAS Institute Japan 監修／高柳 良太 著

アンケート解析 編

- ●A5判／224頁
- ●定 価:本体2,800 円＋税
- ●ISBN:978-4-274-05007-7

アンケートの考え方、回答方法、データの型、データ入力を丁寧に解説。要約統計量をはじめ、アンケートに必要な複数回答集計、クロス集計なども収録。

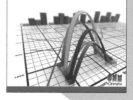

多変量解析 編

- ●A5判／208頁
- ●定 価:本体2,800 円＋税
- ●ISBN:978-4-274-05014-5

多変量解析の中でもよく使われている手法「線形回帰分析」「主成分分析」「因子分析」「判別分析」等を取り上げ、その基本的な考え方と実行結果の見方を解説。

品質管理 編

- ●A5判／296頁
- ●定 価:本体3,800 円＋税
- ●ISBN:978-4-274-21910-8

製造業にかかわる研究者・技術者および大学生を対象に、品質データの管理に必要な統計学的手法をSAS Enterprise Guideを通じてわかりやすく解説。

保健・看護統計 編

- ●A5判／272頁
- ●定 価:本体3,800 円＋税
- ●ISBN:978-4-274-21948-1

保健・看護分野でよく利用されている統計解析手法の方法や結果の見方について解説。保健・看護に関する分析も各種揃った、充実の一冊。

もっと詳しい情報をお届けできます。
○書店に商品がない場合または直接ご注文の場合も右記宛にご連絡ください。

ホームページ http://www.ohmsha.co.jp/
TEL/FAX TEL.03-3233-0643 FAX.03-3233-3440

(定価は変更される場合があります)